Tanja Reimbold

Abi last minute Mathematik

Schnell auffrischen, w

Klett Lerntraining

Hallo, wir sind das Redaktions-Team.
Unser Ziel ist es, die besten Abi-Lernhilfen zu machen.

Helfen Sie uns dabei!

SIND SIE ZUFRIEDEN MIT DIESEM BUCH?

Dann freuen wir uns über Ihre **Weiterempfehlung**. Erzählen Sie es Ihrem Freundeskreis, dem Buchhändler Ihres Vertrauens oder schreiben Sie eine **Rezension** bei Onlinekauf.
Das hilft nicht nur uns, sondern auch anderen Kunden bei der Suche nach einer passenden Lernhilfe für das Abitur.

SIE HABEN FRAGEN BZW. KRITIK ZU DIESEM BUCH?

Wir freuen uns über Ihre Anregungen.
Schreiben Sie uns eine Nachricht an kundenservice@klett-lerntraining.de.

So können wir mit Ihrem Feedback in Zukunft noch bessere Bücher anbieten.

Vielen Dank und viel Erfolg im Abitur!

Ihre Redaktion von Klett Lerntraining

Liebe Schülerin, lieber Schüler,

sicherlich kennen Sie diese Situation: Es ist kurz vor der Klausur und die Zeit wird knapp. Sie schreiben sogar mehrere Klausuren innerhalb weniger Tage und können unmöglich nochmals Ihre kompletten Mitschriften oder das Schulbuch durcharbeiten. Vielleicht stellen Sie auch fest, dass die Mitschriften Lücken haben – und das ist so ziemlich das Letzte, was Sie *last minute* gebrauchen können!

Keine Sorge, mit *Abi last minute – Mathematik* sind Sie auf der sicheren Seite:

- In **150 prüfungsrelevanten Begriffen** wiederholen Sie kurz und knapp, was Sie in der Klausur bzw. der Abiturprüfung wissen müssen. 150 Lernbegriffe = 150 gut gepackte Wissenspakete für Ihren Weg zum Abitur.

- Die Begriffe sind thematisch zusammengefasst, sodass Sie ganz gezielt das Thema in Angriff nehmen können, das in der Klausur abgefragt wird.

- Vor dem Abitur können Sie natürlich das ganze Buch durcharbeiten und so optimal vorbereitet in die Prüfung gehen.

Abi last minute – kurz und knapp für kurz vor knapp!

Eine erfolgreiche Oberstufenzeit
und alles Gute für die Abiturprüfung
wünscht Ihnen

Ihre Redaktion Klett Lerntraining

Differenzenquotient

- Der Differenzenquotient wird auch **mittlere Änderungsrate** genannt und gibt die Steigung einer Sekante an.
  Eine Sekante ist eine Gerade, die durch zwei Punkte geht, die auf einer Kurve liegen.

- Möchte man die mittlere Änderungsrate einer Kurve bestimmen, so wählt man zwei Punkte auf der Kurve. Je enger diese beiden Punkte beieinanderliegen, umso weniger unterscheidet sich die geradlinige Verbindung dieser beiden Punkte von der tatsächlich gekrümmten Kurve.

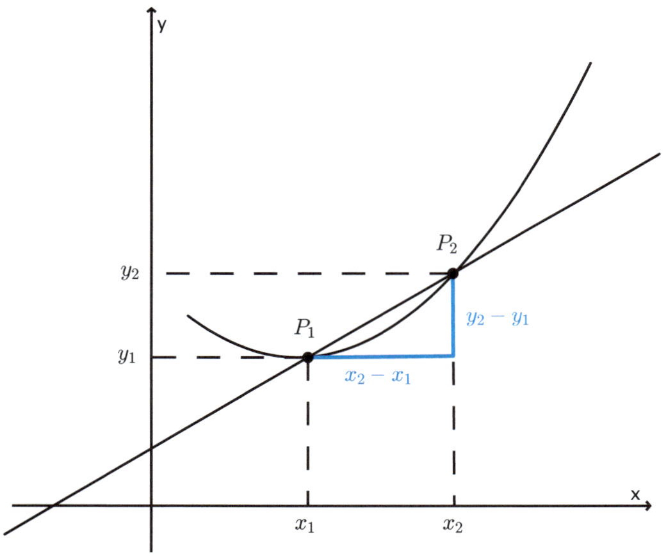

- Für die Steigung der Sekante, also die mittlere Änderungsrate, durch $P_1(x_1 | y_1)$ und $P_2(x_2 | y_2)$ gilt:

$$m = \frac{y_2 - y_1}{x_2 - x_1} \quad \text{bzw.} \quad m = \frac{f(x_2) - f(x_1)}{x_2 - x_1}.$$

Differentialquotient

- Der Differenzenquotient gibt die Steigung einer Geraden durch zwei Punkte, die auf dem Graphen einer Funktion liegen, an. Er ist ein Zwischenschritt bei der Bestimmung der Steigung einer Kurve in einem Punkt.

- Zur Bestimmung der Steigung in einem Punkt, also der **momentanen Änderungsrate**, nähert man den Punkt P_2 dem Punkt P_1 an. Dabei wird die Sekante zur Tangente.

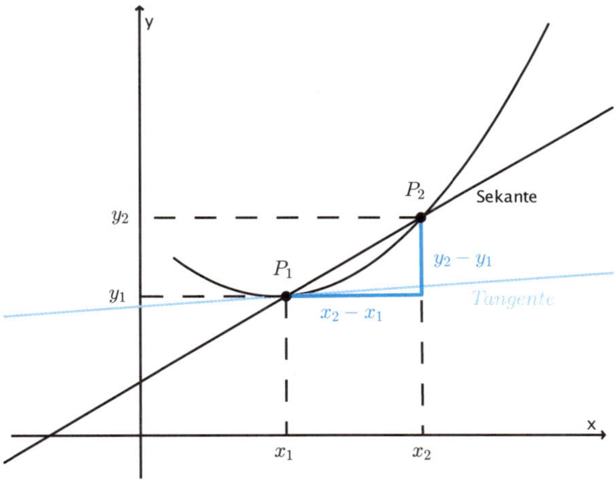

- Mathematisch betrachtet verbirgt sich hinter dieser Annäherung der **Grenzwert**.

  Es gilt: $m = \lim\limits_{x \to x_1} = \frac{y_2 - y_1}{x_2 - x_1}$ oder $m = \lim\limits_{x \to x_1} \frac{f(x_2) - f(x_1)}{x_2 - x_1}$.

  m gibt die momentane Änderungsrate, also den Differentialquotienten, an.

- Schreibt man für die Stelle $x_2 = x_1 + h$, so erhält man für den Differentialquotienten eine andere Schreibweise, die sog. **h-Methode**:

  $$m = \lim_{h \to 0} \frac{f(x_1 + h) - f(x_1)}{h}.$$

- Der Differentialquotient ist die **Ableitung $f'(x_1)$** der Funktion $f(x)$ an der Stelle x_1. Die erste Ableitung einer Funktion an der Stelle x_1 gibt die **Steigung der Tangente** an den Funktionsgraphen in Punkt P_1 an.

Ableitungen und ihre Bedeutung

- Die erste Ableitung einer Funktion f an einer Stelle x_0 gibt die momentane Änderungsrate oder geometrisch die **Steigung der Tangente** an den Graphen an dieser Stelle an. Sie wird mit $f'(x_0)$ bezeichnet.

- Ist $f'(x_0) > 0$ so steigt der Graph an dieser Stelle.

  Ist $f'(x_0) < 0$ so fällt der Graph an dieser Stelle.

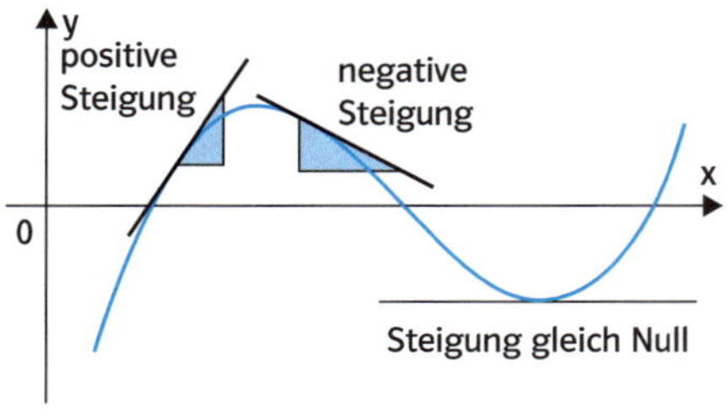

- Die Ableitung ist ein wichtiges Hilfsmittel zur Bestimmung von besonderen Stellen eines Graphen. Ebenso gibt sie Auskunft über den Verlauf des Graphen.
  - Mit Hilfe der ersten Ableitung bestimmt man mögliche **Extremstellen.**
  - An diesen Stellen gilt: $f'(x_0) = 0$.
  - Mit Hilfe der zweiten Ableitung kann man bestimmen, ob es sich wirklich um eine Extremstelle handelt und ob es ein Tiefpunkt oder ein Hochpunkt ist.
  - Mit der zweiten Ableitung können auch mögliche **Wendestellen** bestimmt werden. An diesen Stellen gilt: $f''(x_0) = 0$.
  - Die dritte Ableitung dient zur Klärung, ob es sich wirklich um eine Wendestelle handelt.
  - Ist f′ streng monoton wachsend (also $f''(x_0) > 0$), dann beschreibt der Graph von f eine Linkskurve. Ist f′ streng monoton fallend (also $f''(x_0) < 0$), dann beschreibt der Graph von f eine Rechtskurve.

- Die Ableitung dient zur **Bestimmung des Monotonieverhaltens** einer Funktion.

Ableitung mittels Differenzenquotient und Differentialquotient

- Um die Ableitung mithilfe des Differenzenquotienten und Differentialquotienten zu bestimmen, geht man folgendermaßen vor:
  - Bestimmung des Differenzenquotienten (Steigung der Sekante);
  - Bildung des Grenzwertes des Differenzenquotienten.
- Hierbei ist es einfacher, anstelle der Funktionswerte x_1 und x_2 die h-Methode zu verwenden, da sie übersichtlicher ist.
- Es gilt:

$$f'(x_1) = \lim_{h \to 0} = \frac{f(x_1 + h) - f(x_1)}{h}.$$

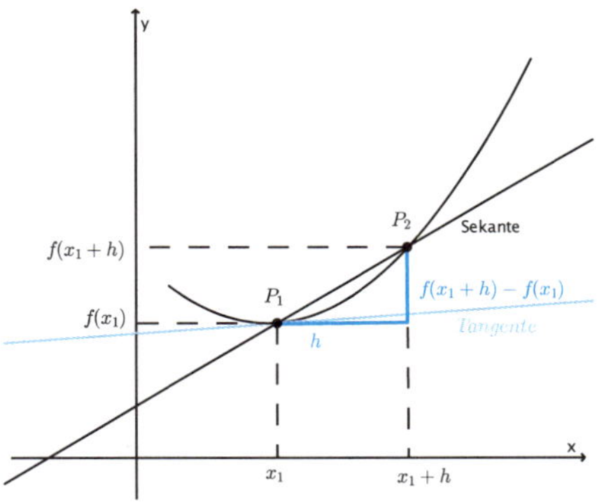

- **Beispiel:**
  Ableitung der Funktion
  $f(x) = x^3 - 2$
  an der Stelle
  $x_1 = 2$

  Für den Differenzenquotienten gilt:

$$m = \frac{f(x_1 + h) - f(x_1)}{h}$$
$$= \frac{(x_1 + h)^3 - 2 - (x_1^3 - 2)}{h}$$
$$= \frac{3x_1^2h + 3x_1h^2 + h^3}{h}$$
$$= 3x_1^2 + 3x_1h + h^2$$

Grenzwert:

$$f'(x_1) = \lim_{h \to 0} 3x_1^2 + 3x_1h + h^2 = 3x_1^2$$

Damit folgt für $x_1 = 2$: $f'(2) = 3 \cdot 2^2 = 12.$

Schließen von f auf f′

- Ist der Graph der Funktion f gegeben, so kann man daraus den Graphen der 1. Ableitung skizzieren.
  Dazu geht man folgendermaßen vor:
  - Man sucht nach besonderen Stellen des Graphen und zeichnet diese ein: An den Stellen, an denen der Graph der Funktion f Extremstellen hat, hat der Graph der Ableitung Nullstellen.
    An den Stellen, an denen der Graph der Funktion f Wendestellen hat, hat der Graph der Ableitung Extremstellen.
  - Man schaut, ob es sich bei den Extremstellen um einen Hochpunkt oder einen Tiefpunkt handelt.
    Bei einem Hochpunkt wechseln die Funktionswerte der Ableitung von plus nach minus, am Tiefpunkt von minus nach plus.
  - Man schätzt ab, zwischen welchen Werten sich ungefähr die Steigungen bewegen.

- **Beispiel:**

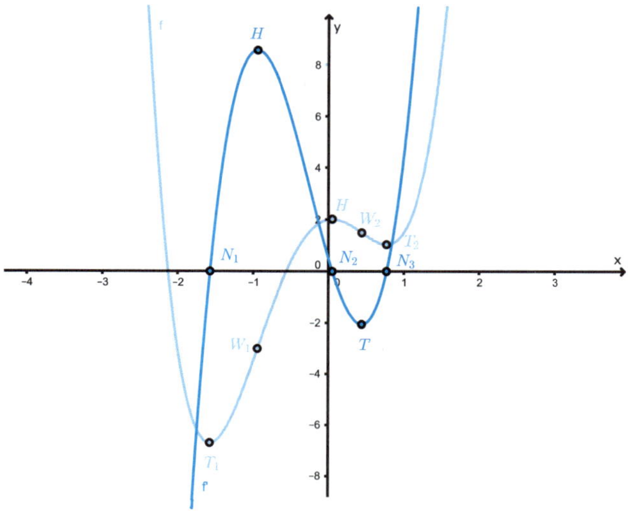

Schließen von f' auf f

- Ist der Graph der 1. Ableitung f' gegeben, so kann man daraus den Graphen der Funktion f skizzieren.

- Hierbei muss man darauf achten, dass die Funktionen f und g mit $g(x) = f(x) + c$ dieselbe Ableitungsfunktion f' besitzen. Somit ist der Graph von f nicht eindeutig festgelegt.

- Dazu geht man folgendermaßen vor:
  - Man sucht nach besonderen Stellen der Ableitungsfunktion und zeichnet diese ein:
    An den Stellen, an denen die Ableitung Nullstellen hat, hat der Graph der Funktion f Extremstellen.
    An den Stellen, an denen die Ableitung Extremstellen hat, hat der Graph der Funktion f Wendestellen.
  - Außerdem kann man folgende Eigenschaften ausnutzen:
    Verläuft der Graph der Ableitung f' oberhalb (unterhalb) der x-Achse, so ist der Graph von f streng monoton zunehmend (abnehmend).
    Ist der Graph der Ableitung f' streng monoton zunehmend (abnehmend), so macht der Graph von f eine Linkskurve (Rechtskurve).

- **Beispiel:**
  Das Schaubild zeigt den Graphen der Ableitungsfunktion f'.

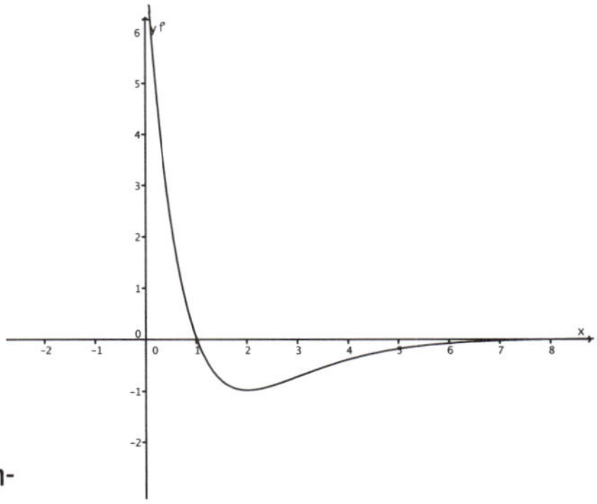

1. Behauptung:
Das Schaubild von f besitzt an der Stelle $x = 2$ einen Extrempunkt.
Die Behauptung ist falsch, da der Graph von f' an dieser Stelle eine Extremstelle besitzt, besitzt der Graph von f dort eine Wendestelle.

2. Behauptung:
Das Schaubild von f besitzt an der Stelle $x = 1$ einen Extrempunkt.
Die Behauptung ist wahr, da dort der Graph von f' eine Nullstelle mit Vorzeichenwechsel hat.

Ableitungsregeln

- Um eine Ableitung richtig zu berechnen, muss man einige Ableitungsregeln kennen. Je nach Funktion kommen hier verschiedene Regeln zum Einsatz.

- **Ableitung einer Konstanten:**
  Da die Steigung einer konstanten Funktion immer Null ist, ist auch ihre Ableitung 0. Es gilt:
  $$f(x) = a \quad \Rightarrow \quad f'(x) = 0.$$

- **Summenregel:**
  Für eine Summe von Funktionen $f(x) = u(x) + v(x)$ gilt:
  $$f'(x) = u'(x) + v'(x)$$

- **Faktorregel:**
  Ist k eine reelle Zahl unabhängig von der Variablen x, so gilt:
  $$f(x) = k \cdot u(x)$$
  $$f'(x) = k \cdot u'(x)$$
  Man sagt auch kurz: Der konstante Faktor k bleibt beim Ableiten erhalten.

- **Potenzregel:**
  Beim Ableiten einer Potenzfunktion $f(x) = x^n$ stellt man den Exponenten n nach vorne und verringert den Exponenten beim x um 1:
  $$f(x) = x^n \quad \Rightarrow \quad f'(x) = n \cdot x^{n-1}$$

- Achtung **Fehlerquelle**!
  Ein konstanter Faktor bleibt beim Ableiten erhalten.
  Beispiel: $f(x) = 5 \cdot x^2$
  $f'(x) = 5 \cdot 2x = 10x$

  Ein konstanter Summand fällt beim Ableiten weg.
  Beispiel: $f(x) = x^3 + x + 3$
  $f'(x) = 3x^2 + 1$

Ableitungen wichtiger Grundfunktionen

- Die Ableitung folgender Funktionen sollte man auswendig kennen.

$f(x)$	$f'(x)$
c	0
x	1
$\frac{1}{x}$	$-\frac{1}{x^2}$
$\sqrt{x}$	$\frac{1}{2\sqrt{x}}$
$\sin(x)$	$\cos(x)$
$\cos(x)$	$-\sin(x)$
e^x	e^x
$e^{k \cdot x}$	$k \cdot e^{k \cdot x}$
$\ln(x)$	$\frac{1}{x}$

Produktregel und Quotientenregel

- **Produktregel:**
  Sind zwei Funktionen u und v ableitbar im Intervall I mit $x \in I$, so ist auch das Produkt f mit $f(x) = u(x) \cdot v(x)$ ableitbar und es gilt:

  $$f'(x) = u'(x) \cdot v(x) + u(x) \cdot v'(x).$$

- **Quotientenregel:**
  Sind zwei Funktionen u und v ableitbar im Intervall I mit $x \in I$ und $v(x) \neq 0$,

  so ist auch der Quotient f mit $f(x) = \frac{u(x)}{v(x)}$ ableitbar und es gilt:

  $$f'(x) = \frac{u'(x) \cdot v(x) - u(x) \cdot v'(x)}{(v(x))^2}.$$

- Bei der Quotientenregel muss man vor allem auf das Minuszeichen im Zähler achten.
  D.h. man sollte darauf achten, dass man genügend Klammern setzt, um Vorzeichenfehler zu vermeiden.

- Bei beiden Regeln sollte man, bevor man weiter ableitet, zuerst vereinfachen, zusammenfassen oder ausklammern.

- **Beispiel** Produktregel:

  $$f(x) = (x^2 + 1) \cdot \cos(x) \qquad u(x) = x^2 + 1;\ v(x) = \cos(x)$$
  $$f'(x) = 2x \cdot \cos(x) + (x^2 + 1) \cdot (-\sin(x)) \qquad u'(x) = 2x;\quad v'(x) = -\sin(x)$$
  $$= 2x \cdot \cos(x) - (x^2 + 1) \cdot \sin(x)$$

  Beispiel Quotientenregel:

  $$f(x) = \frac{2x}{1 + 3x^2} \qquad u(x) = 2x;\ v(x) = 1 + 3x^2$$

  $$f'(x) = \frac{2 \cdot (1 + 3x^2) - 2x \cdot (6x)}{(1 + 3x)^2} = \frac{2 + 6x^2 - 12x^2}{(1 + 3x)^2} \qquad u'(x) = 2;\quad v'(x) = 6x$$

  $$= \frac{2 - 6x^2}{(1 + 3x)^2}$$

Kettenregel

- Zwei Funktionen u und v können nicht nur addiert, subtrahiert, multipliziert oder dividiert werden, sondern sie können auch miteinander verkettet werden.
  Sind zwei Funktionen u und v gegeben, so heißt die Funktion
  $$u \circ v\colon\ x \mapsto u(v(x)).$$
  Verkettung der Funktionen u und v.
  Dabei wird im Funktionsterm der Funktion u jedes x durch v(x) ersetzt.
  u nennt man **äußere Funktion** und v **innere Funktion**.

- **Beispiel:**
  Gegeben sind die Funktionen $u(x) = (x+1)^2$ und $v(x) = 3x + 1$.

  Für die Verkettung von u mit v gilt: $u(v(x)) = (3x + 1 + 1)^2 = (3x + 2)^2$.

  Für die Verkettung von v mit u gilt: $v(u(x)) = 3(x+1)^2 + 1$.

- Zum Ableiten von verketteten Funktionen verwendet man die **Kettenregel**:
  Ist eine Funktion f durch eine Verkettung $f(x) = u(v(x))$ gegeben und sind die äußere Funktion u und die innere Funktion v ableitbar, so ist f ebenfalls ableitbar und es gilt:
  $$f'(x) = u'(v(x)) \cdot v'(x).$$

- **Beachte:**
  Vergiss die Ableitung der inneren Funktion v′(x) nicht!

- **Beispiel:**

  $f(x) = \sqrt{1 + 2x} = (1 + 2x)^{\frac{1}{2}}$

  Äußere Funktion: $u(x) = \sqrt{x} = x^{\frac{1}{2}}$ mit $u'(x) = \frac{1}{2}x^{-\frac{1}{2}}$

  Innere Funktion: $v(x) = 1 + 2x$ mit $v'(x) = 2$

  $f'(x) = \frac{1}{2} \cdot (1 + 2x)^{-\frac{1}{2}} \cdot 2 = (1 + 2x)^{-\frac{1}{2}}$

Anwendung der Ableitungsregeln

- Oft muss die Kettenregel zusammen mit der Produktregel oder der Quotientenregel angewendet werden.

- Leite die folgenden Funktionen einmal ab:

- $f(x) = 3x \cdot (x^2 + 6x + 7)^4$

  Hier verwendet man zum Ableiten die Produktregel und die Kettenregel:
  $u(x) = 3x; \quad u'(x) = 3$
  $v(x) = (x^2 + 6x + 7)^4; \quad v'(x) = 4 \cdot (x^2 + 6x + 7)^3 \cdot (2x + 6)$

  $$\begin{aligned} f'(x) &= 3 \cdot (x^2 + 6x + 7)^4 + 3x \cdot 4 \cdot (x^2 + 6x + 7)^3 \cdot (2x + 6) \\ &= 3 \cdot (x^2 + 6x + 7)^4 + 12x \cdot (x^2 + 6x + 7)^3 \cdot (2x + 6) \\ &= (3 \cdot (x^2 + 6x + 7) + 12x \cdot (2x + 6)) \cdot (x^2 + 6x + 7)^3 \\ &= 3 \cdot (9x^2 + 30x + 7) \cdot (x^2 + 6x + 7)^3 \end{aligned}$$

- $f(x) = \ln(x) \cdot \sin(3x)$

  Hier verwendet man zum Ableiten die Produktregel und die Kettenregel:

  $u(x) = \ln(x); \quad u'(x) = \frac{1}{x}$

  $v(x) = \sin(3x); \quad v'(x) = 3 \cdot \cos(3x)$

  $f'(x) = \frac{1}{x} \cdot \sin(3x) + 3 \cdot \ln(x) \cdot \cos(3x)$

- $f(x) = \frac{2x^2 + 8x}{(2x + 4)^2}$

  Hier verwendet man die Quotientenregel und die Kettenregel:

  $u(x) = 2x^2 + 8x; \quad u'(x) = 4x + 8$

  $v(x) = (2x + 4)^2; \quad v'(x) = 2 \cdot (2x + 4) \cdot 2 = 4 \cdot (2x + 4)$

  $$\begin{aligned} f'(x) &= \frac{(4x + 8) \cdot (2x + 4)^2 - (2x^2 + 8x) \cdot 4 \cdot (2x + 4)}{(2x + 4)^4} \\ &= \frac{(4x + 8) \cdot (2x + 4) - (2x^2 + 8x) \cdot 4}{(2x + 4)^3} = \frac{32}{(2x + 4)^3} \end{aligned}$$

Tangente

- $P_0(x_0 \mid f(x_0))$ ist ein Punkt des Graphen der Funktion f.
  Eine Gerade t durch P_0 heißt Tangente an den Graphen in P_0, wenn t die Steigung $f'(x_0)$ hat.

- Aus der Punktsteigungsform einer Geradengleichung
  $f'(x_0) = \frac{y - f(x_0)}{x - x_0}$ erhält man die Tangentengleichung:
  $$t\colon\ y = f'(x_0) \cdot (x - x_0) + f(x_0).$$

- **Beispiel:** Bestimmung der Tangentengleichung t an den Graphen der Funktion f im Berührpunkt B
  $f(x) = 2x - \frac{1}{4}x^2$; $B(2 \mid 3)$
  Setzt man den Punkt B in die Tangentengleichung ein, so erhält man:
  $t\colon\ y = f'(2) \cdot (x - 2) + 3.$
  Mit $f'(x) = 2 - \frac{1}{2}x$ folgt $f'(2) = 2 - \frac{1}{2} \cdot 2 = 1$ und damit für die Tangente:
  $$t\colon\ y = 1 \cdot (x - 2) + 3 = x + 1.$$

- **Beispiel:** Bestimmung der Tangentengleichung und des Berührpunktes $B(x_0 \mid f(x_0))$ bei gegebener Tangentensteigung
  $f(x) = \frac{1}{2}x^2 + 3$; $m = 5$
  Da $m = f'(x_0) = 5$ und mit der Ableitung $f'(x) = x$ folgt: $x_0 = 5$.
  Somit lautet der Berührpunkt: $B(5 \mid 15{,}5)$.
  Daraus ergibt sich wie im Beispiel davor die Tangentengleichung zu:
  $$t\colon\ y = 5 \cdot (x - 5) + 15{,}5 = 5x - 9{,}5.$$

Tangenten von außerhalb an den Graphen von f

- Bei Aufgaben von Tangenten gibt es drei Grundaufgaben:
  - Bestimme die Gleichung der Tangente an den Graphen von f im Berührpunkt B.
  - Bestimme die Gleichung der Tangente an den Graphen von f bei vorgegebener Tangentensteigung.
  - Bestimme die Gleichungen der Tangenten an den Graphen von f von einem Punkt P aus, der nicht auf dem Graphen liegt.

  Die ersten beiden Aufgabenstellungen wurden bereits auf S. 21 mit Beispielen vorgestellt.

- **Beispiel:** Bestimmung der Berührpunkte der Tangenten und der Tangentengleichungen an den Graphen von $f(x) = 2x^2 - 3$ von einem Punkt $A(2\,|\,-3)$ außerhalb

  Für die Tangente gilt: $t\colon\ y = f'(x_0)\cdot(x - x_0) + f(x_0)$.

  Da der Punkt A auf der Tangente liegt, gilt: $-3 = f'(x_0)\cdot(2 - x_0) + f(x_0)$.

  Mit $f'(x_0) = 4x_0$ und $f(x_0) = 2x_0^2 - 3$ folgt:

  $$-3 = 4x_0\cdot(2 - x_0) + (2x_0^2 - 3)$$
  $$-3 = 8x_0 - 4x_0^2 + 2x_0^2 - 3$$
  $$0 = 2x_0\cdot(-x_0 + 4)$$

  Aus dieser Gleichung folgt: $x_{0,1} = 0$ und $x_{0,2} = 4$.

  Die beiden Berührpunkte haben die Koordinaten:

  $B_1(0\,|\,-3)$ und $B_2(4\,|\,29)$.

  Die Tangentengleichungen lauten:

  $t_1\colon\ y = 0\cdot(x - 0) + (-3) = -3$
  $t_2\colon\ y = 16\cdot(x - 4) + 29 = 16x - 35.$

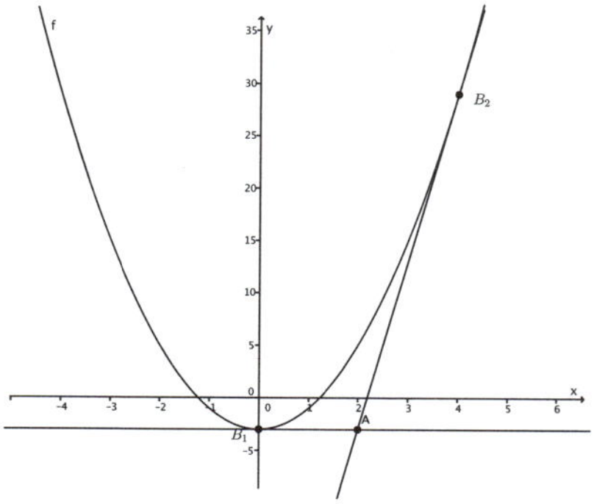

Normale

- $P_0(x_0 \mid f(x_0))$ ist ein Punkt des Graphen der Funktion f.
  Eine Gerade n durch P_0 heißt Normale an den Graphen in P_0, wenn n senkrecht (orthogonal) zur Tangente in P_0 an den Graphen ist.

- Für die Gleichung der Normalen gilt:

$$n:\ y = -\frac{1}{f'(x_0)} \cdot (x - x_0) + f(x_0).$$

- Die Bedingung für die Steigung der Normalen $m = -\frac{1}{f'(x_0)}$ erhält man aus der Bedingung für zueinander orthogonale Geraden.

- Gegeben ist eine Ursprungsgerade durch den Punkt $P(a \mid b)$. Dreht man diese um 90° mit dem Ursprung als Drehpunkt nach links, so wird aus dem Punkt P der Punkt $Q(-b \mid a)$.

  Für die Steigung der Geraden g gilt:

$$m_g = \frac{b}{a}.$$

  Für die Steigung der Geraden h gilt:

$$m_h = -\frac{a}{b}.$$

  Aus diesen beiden Steigungen folgt die **Bedingung für orthogonale Geraden**:

$$m_g \cdot m_h = -1.$$

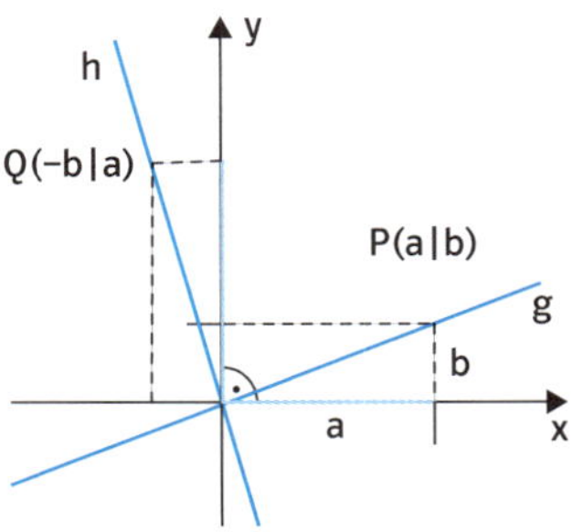

- **Beispiel:**
  Bestimme die Gleichung der Normalen an den Graphen von f im Punkt $B(2 \mid 3)$.
  Für die Tangentengleichung an den Graphen von f in diesem Punkt gilt:
  $t:\ y = x + 1$.

  Damit hat die Normale die Steigung: $m_n = -\frac{1}{f'(2)} = -1$

  und damit folgt für die Gleichung der Normalen:

$$n:\ y = -1 \cdot (x - 2) + 3 = -x + 5.$$

Monotonie

- Wenn für alle x_1, x_2 aus einem Intervall I gilt:
  - Aus $x_1 < x_2$ folgt $f(x_1) < f(x_2)$, dann ist die Funktion f streng monoton wachsend im Intervall I.
  - Aus $x_1 < x_2$ folgt $f(x_1) \leqq f(x_2)$, dann ist die Funktion f monoton wachsend im Intervall I.
  - Aus $x_1 > x_2$ folgt $f(x_1) > f(x_2)$, dann ist die Funktion f streng monoton fallend im Intervall I.
  - Aus $x_1 > x_2$ folgt $f(x_1) \geqq f(x_2)$, dann ist die Funktion f monoton fallend im Intervall I.

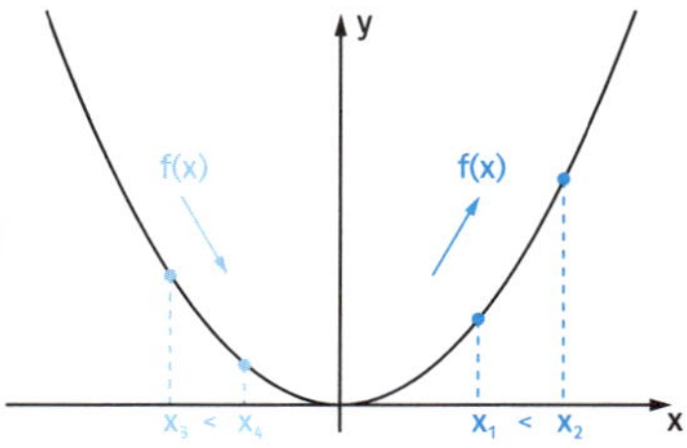

- **Monotoniesatz:**
  Die Funktion f sei im Intervall I differenzierbar. Wenn für alle $x \in I$ gilt:
  - $f'(x) > 0$, dann ist f streng monoton wachsend im Intervall I;
  - $f'(x) < 0$, dann ist f streng monoton fallend im Intervall I.

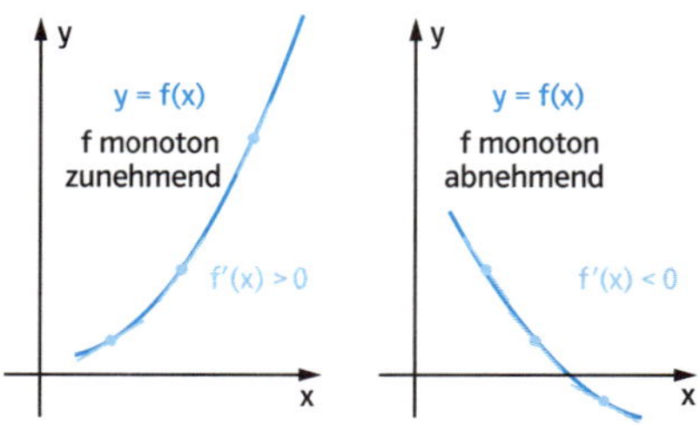

  Beachte: Dieser Satz ist nicht umkehrbar. D.h. obwohl die Funktion streng monoton ist, kann $f'(x) = 0$ sein.

- Mithilfe der Monotonie kann man Aussagen über das Krümmungsverhalten der Funktion f machen.
  - Wenn f' in einem Intervall I streng monoton wachsend ist, also $f''(x) > 0$, so beschreibt der Graph von f eine Linkskurve.
  - Wenn f' in einem Intervall I streng monoton fallend ist, also $f''(x) < 0$, so beschreibt der Graph von f eine Rechtskurve.

Extremstellen

- Der Funktionswert $f(x_0)$ heißt
  - **lokales Maximum** von f, wenn es eine Umgebung $U(x_0)$ gibt, so dass für alle Werte $x \in U(x_0)$ aus dem Definitionsbereich gilt:

    $f(x) \leqq f(x_0)$;
  - **lokales Minimum** von f, wenn es eine Umgebung $U(x_0)$ gibt, so dass für alle Werte $x \in U(x_0)$ aus dem Definitionsbereich gilt:

    $f(x) \geqq f(x_0)$.

- Gilt die Bedingung $f(x) \leqq f(x_0)$ bzw. $f(x) \geqq f(x_0)$ nicht nur in einer Umgebung, sondern für den gesamten Definitionsbereich, so nennt man es auch **globales Maximum** bzw. **globales Minimum**.

- Befindet sich das globale Extremum am Rand des Definitionsbereiches, so handelt es sich um ein **globales Randextremum.**

- Vorgehen bei der **Bestimmung von lokalen Extrempunkten**
  - Notwendige Bedingung: $f'(x_0) = 0$
    Die Bedingung muss immer erfüllt sein, liefert aber nur mögliche Stellen.
  - Hinreichende Bedingung:
    Wenn $f'(x_0) = 0$ und ein Vorzeichenwechsel von $f'(x)$ bei x_0 von − nach + (bzw. von + nach −) stattfindet, so liegt dort ein lokales Minimum (bzw. ein lokales Maximum) vor.
    oder
    Wenn $f'(x_0) = 0$ und $f''(x_0) > 0$ (bzw. $f''(x_0) < 0$), so liegt dort ein lokales Minimum (bzw. lokales Maximum) vor.

  Nicht alle Lösungen der Gleichung $f'(x_0) = 0$ müssen Extremstellen der Funktion f sein. Findet in der Ableitung f′ an der Stelle x_0 kein Vorzeichenwechsel statt, so liegt ein **Sattelpunkt** vor.

Wendestellen

- Eine Stelle x_0 vom Definitionsbereich D heißt Wendestelle von f, wenn im zugehörigen Punkt $W(x_0 \mid f(x_0))$ das Schaubild von einer Linkskurve in eine Rechtskurve übergeht oder umgekehrt. Der Punkt W heißt Wendepunkt des Schaubildes.

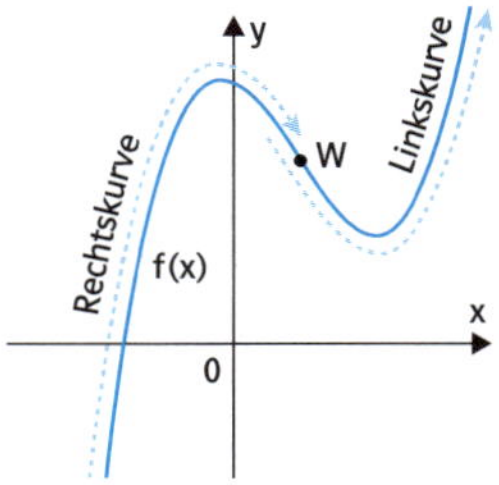

- Notwendige Bedingung für einen Wendepunkt:
  $f''(x_0) = 0$
  Die Bedingung muss immer erfüllt sein, liefert aber nur mögliche Stellen.

- Hinreichende Bedingung für einen Wendepunkt:
  - Wenn $f''(x_0) = 0$ und ein Vorzeichenwechsel von $f''(x)$ bei x_0 vorliegt, so liegt dort eine Wendestelle vor.

  oder
  - Wenn $f''(x_0) = 0$ und $f'''(x_0) \neq 0$, so liegt dort eine Wendestelle vor.

- Eine Tangente im Wendepunkt heißt **Wendetangente**.

- Ein Wendepunkt mit waagerechter Tangente heißt **Sattelpunkt**.

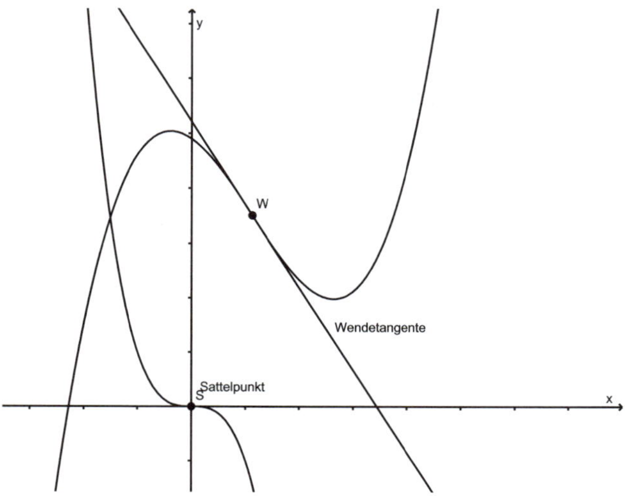

Newton'sches Näherungsverfahren

- Das Newton-Verfahren ist ein rechnerisches Verfahren, mit dem man in vielen Fällen einen **Näherungswert für Nullstellen** von Funktionen schnell bestimmen kann.

- Hat die differenzierbare Funktion f eine Nullstelle, so kann man diese näherungsweise mit dem Newton-Verfahren ermitteln. Die Iterationsvorschrift mit dem Startwert x_0 lautet:

$$x_{n+1} = x_n - \frac{f(x_n)}{f'(x_n)} \quad (n \in \mathbb{N}).$$

- Das Newton-Verfahren gilt für jede **differenzierbare Funktion**. Aber nicht immer führt das Verfahren zum Erfolg. Damit x_{n+1} berechnet werden kann, muss $f'(x_n) \neq 0$ sein. Aber auch wenn dies der Fall ist, kann es vorkommen, dass die errechneten x_n-Werte nicht gegen die gesuchte Nullstelle streben. In solchen Fällen muss man einen Startwert wählen, der „dichter" an der gesuchten Nullstelle liegt.

- **Beispiel:** $f(x) = x^2 - 2$
  $f'(x) = 2x$
  Die Funktion hat genau eine Nullstelle x im Intervall $I = [0;2]$, da $f(0) = -2$ und $f(2) = 2$.

  Rekursionsbedingung: $x_{n+1} = x_n - \frac{x_n^2 - 2}{2x_n} = \frac{2x_n^2 - x_n^2 + 2}{2x_n} = \frac{x_n^2 + 2}{2x_n}$

  Setzt man als Startwert $x_0 = 1$ ein, so erhält man: $x_1 = \frac{1^2 + 2}{2} = \frac{3}{2}$.

  Nun setzt man $x_1 = \frac{3}{2}$ ein und erhält $x_2 = \frac{\left(\frac{3}{2}\right)^2 + 2}{3} = 1{,}4166\ldots$

  Führt man dies so weiter fort, so erhält man:
  $x_3 = 1{,}41421\ldots$
  $x_4 = 1{,}41421\ldots$

  Damit ergibt sich auf drei Stellen nach dem Komma gerundet, folgende Nullstelle: $x \approx 1{,}414$.

Mathematische Fachbegriffe in Sachzusammenhängen

- Es ist hilfreich, wenn man einige sprachliche Beschreibungen einer Alltagssituation erkennt und diese mithilfe der Eigenschaften einer Funktion und ihrer Ableitung in mathematische Fachbegriffe übersetzen kann.

- Durch eine Pumpe kann einer Zisterne Wasser zugeführt oder entnommen werden.
  Die Funktion $V(t) = -2t^2 + 45t + 50$ beschreibt die Menge des Wassers in Abhängigkeit von der Zeit t.
  (V(t) in Liter, t in Minuten seit Beginn des Pumpvorgangs).
  - Wann ist die Zisterne leer?
    Gesucht sind die Nullstellen der Funktion.
    $V(t) = -2t^2 + 45t + 50 = 0$
    $t_1 = -1{,}1$ oder $t_2 = 23{,}6$
    Nach ca. 23,6 Minuten ist die Zisterne leer.
  - Wann ist am meisten Wasser in der Zisterne?
    Gesucht ist das Maximum des Wasserstandes.
    $V'(t) = -4t + 45 = 0$
    $t = \frac{45}{4} = 11{,}25$
    Nach ungefähr 11,25 Minuten ist am meisten Wasser in der Zisterne.

Bestimme die Durchflussrate Z(t) des Wasservolumens und skizziere V(t) und Z(t). Gesucht ist die Ableitungsfunktion des Wasservolumens.
$Z(t) = V'(t)$

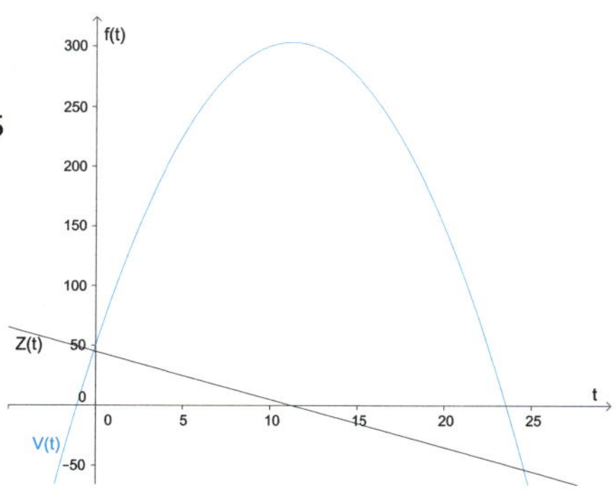

Dem Graphen von Z(t) kann man entnehmen:

Da $Z(t) > 0$ für $0 \leqq t \leqq 11{,}25$ fließt in den ersten 11,25 Minuten Wasser zu, aber mit abnehmender Zuflussrate.

Für $11{,}25 \leqq t \leqq 23$ fließt Wasser ab, mit zunehmender Zuflussrate, da $Z(t) > 0$.

Stetigkeit und Differenzierbarkeit von Funktionen

- **Stetigkeit** bedeutet anschaulich: Eine Funktion f(x) heißt in einem Intervall $I = [a;b]$ stetig, wenn man die Funktion in diesem Bereich durchzeichnen kann, ohne den Stift absetzen zu müssen.

- **Definition:**
Gegeben ist die Funktion f im Intervall $I = [a;b]$. Sie ist stetig an der Stelle $x_0 \in I$, wenn der Grenzwert von f(x) für $x \to x_0$ existiert und mit dem Funktionswert $f(x_0)$ übereinstimmt.
D.h. es gilt: $\lim\limits_{x \to x_0} = f(x_0)$.

- Bei der Stetigkeit handelt es sich um eine **lokale Eigenschaft** einer Funktion, d.h. es wird immer an einzelnen Stellen auf Stetigkeit untersucht. Damit eine Funktion stetig ist, muss sie an jeder Stelle ihres Definitionsbereiches stetig sein.

- Zusammenhang zwischen Stetigkeit und Differenzierbarkeit:
Ist eine Funktion f an der Stelle x_0 differenzierbar, so ist f an der Stelle auch stetig.

- **Differenzierbarkeit** anschaulich betrachtet: Eine Funktion f(x) heißt in einem Intervall $I = [a;b]$ differenzierbar, wenn man die Funktion in diesem Bereich ohne Knick durchzeichnen kann.

- **Beispiele** unstetiger Funktionen:

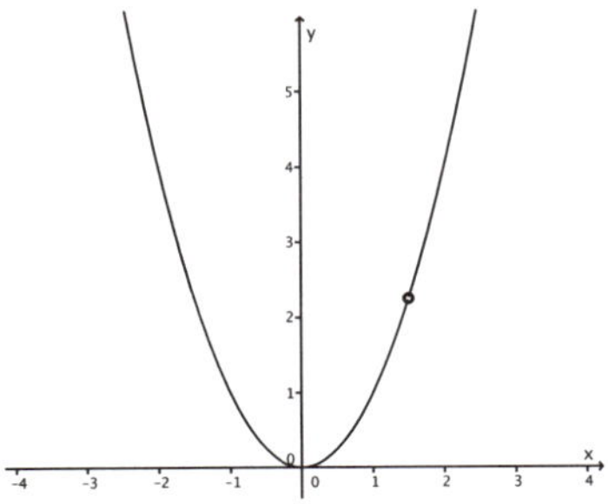

Die Funktion ist unstetig an der Stelle $x_0 = 1{,}5$, da hier die Funktion nicht definiert ist.

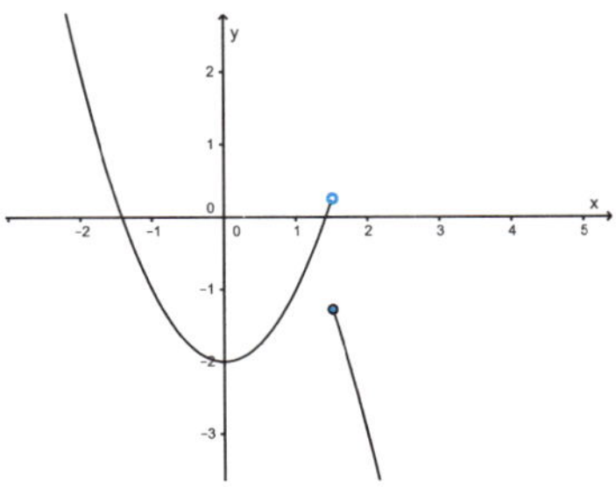

Die Funktion ist unstetig an der Stelle $x_0 = 1{,}5$, da der Grenzwert $\lim\limits_{x \to x_0} f(x)$ nicht existiert.

Symmetrie zum Ursprung oder zur y-Achse

- Der Graph einer Funktion kann symmetrisch bezgl. einer Geraden, die parallel zur y-Achse ist, oder punktsymmetrisch bzgl. eines Punktes sein.

- Der Graph der Funktion f mit der Definitionsmenge D ist
  - **achsensymmetrisch** zur y-Achse, wenn gilt: $f(-x) = f(x)$ für alle $x \in D$,
  - **punktsymmetrisch** zum Ursprung $O(0 \mid 0)$, wenn gilt: $f(-x) = -f(x)$ für alle $x \in D$.

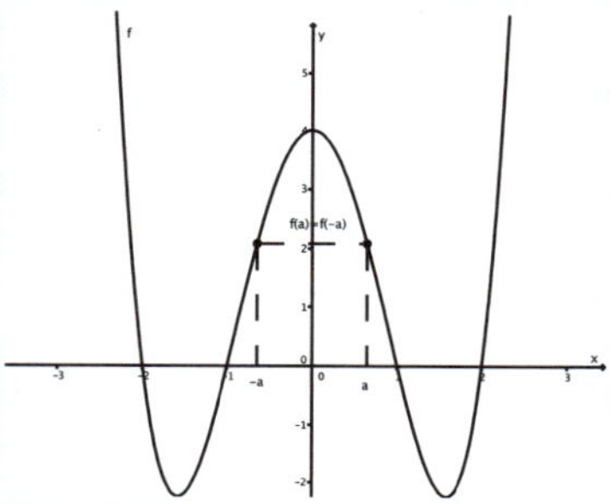

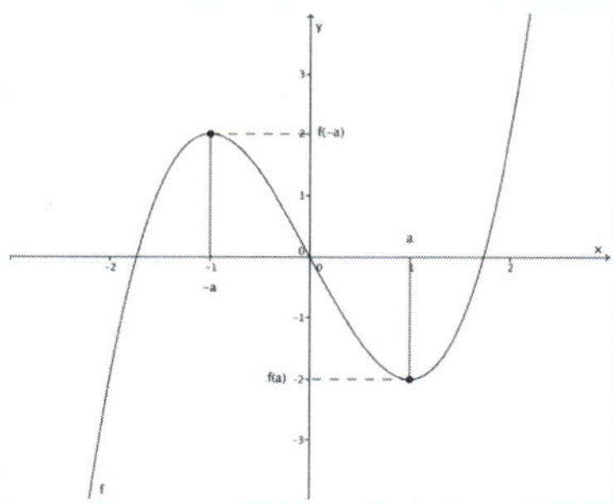

- Für **ganzrationale Funktionen** gilt:
  - Eine ganzrationale Funktion mit nur geraden Hochzahlen ist achsensymmetrisch zur y-Achse.
  - Eine ganzrationale Funktion mit nur ungeraden Hochzahlen ist punktsymmetrisch zum Ursprung.

Symmetrie zu einem Punkt oder einer Geraden

- Der Graph einer Funktion f kann auch symmetrisch zu einer beliebigen senkrechten Gerade oder einem beliebigen Punkt sein.

- Der Graph der Funktion f ist
  - **achsensymmetrisch** zur Geraden $x = a$, wenn gilt: $f(a+h) = f(a-h)$ für alle $a+h \in D$ und $a-h \in D$,
  - **punktsymmetrisch** zu einem beliebigen Punkt $Z(u \mid v)$, wenn gilt: $f(u-h) - v = v - f(u+h)$ bzw. $\frac{1}{2}(f(u+h) + f(u-h)) = v$ für alle h mit $u-h \in D$ und $u+h \in D$.

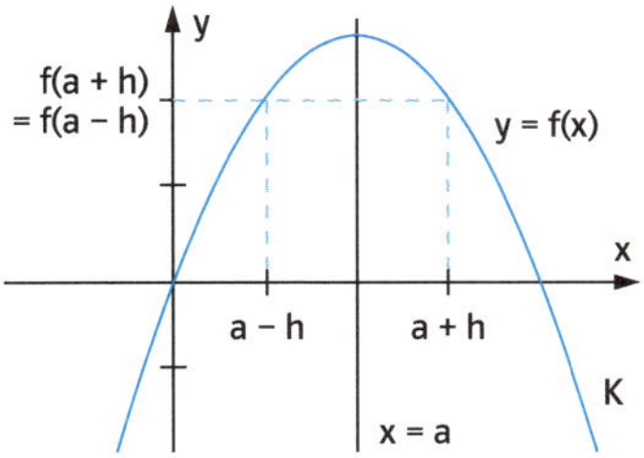

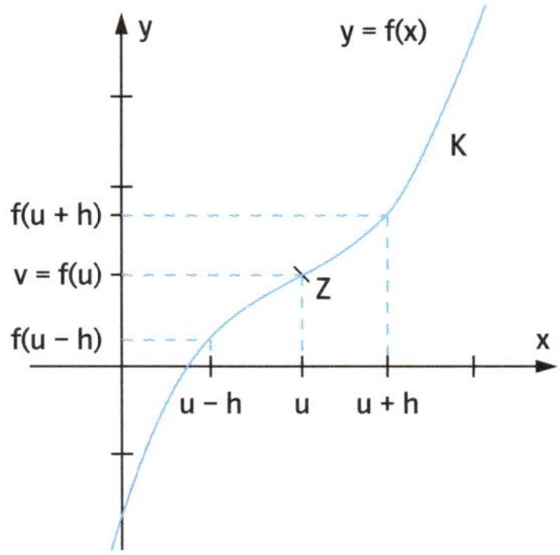

Schnittpunkte mit den Koordinatenachsen

- Die Graphen von Funktionen können sowohl die x-Achse als auch die y-Achse schneiden.

- **Schnittpunkt mit der x-Achse:**
  Wenn für eine Stelle $x \in D$ gilt $f(x) = 0$, so nennt man diese Stelle eine Nullstelle der Funktion f.
  Der Schnittpunkt mit der x-Achse hat die Koordinaten $N(x \mid 0)$.

- **Beispiel:** $f(x) = x \cdot (x - 3)$
  $x \cdot (x - 3) = 0$
  für $x_1 = 0$ oder $x_2 = 3$
  Der Graph schneidet die x-Achse in zwei Punkten $N_1(0 \mid 0)$ und $N_2(3 \mid 0)$.

- **Schnittpunkt mit der y-Achse:**
  Schneidet der Graph der Funktion f die y-Achse, so gilt: $x = 0$.
  $S(0 \mid f(0))$

- **Beispiel:** $f(x) = 3x^2 + 2x - 4$
  $f(0) = 3 \cdot 0^2 + 2 \cdot 0 - 4 = -4$
  Der Schnittpunkt mit der y-Achse hat die Koordinaten: $S(0 \mid -4)$.

- Der Graph einer Funktion f kann die x-Achse mehrfach schneiden, die y-Achse jedoch nur einmal.

Lineare Funktionen

- Eine Funktion f mit $f(x) = mx + c$ nennt man lineare Funktion. Sie schneidet die y-Achse im Punkt $P(0\,|\,c)$. Der Faktor m heißt Steigung und c heißt y-Achsenabschnitt.

- Bestimmung der Steigung einer Geraden

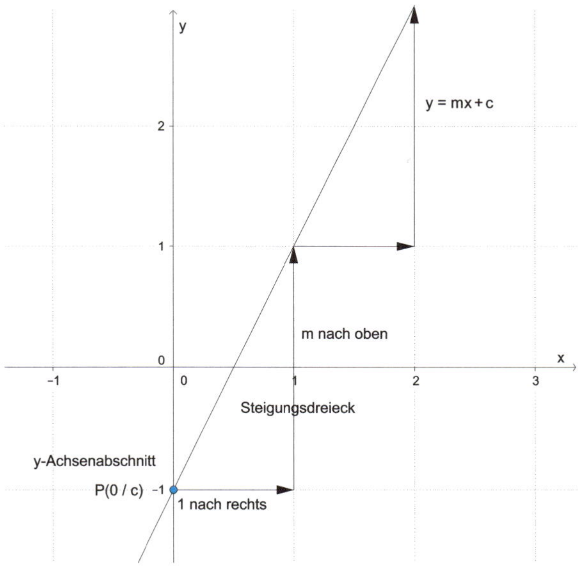

- Geht die Gerade durch die Punkte $P(x_P\,|\,y_P)$ und $Q(x_Q\,|\,y_Q)$ so gilt für:
  - die Steigung: $m = \frac{y_Q - y_P}{x_Q - x_P}$,
  - den Steigungswinkel: $m = \tan\alpha$,
  - die Gleichung der Geraden: $y = m \cdot (x - x_p) + y_p$.

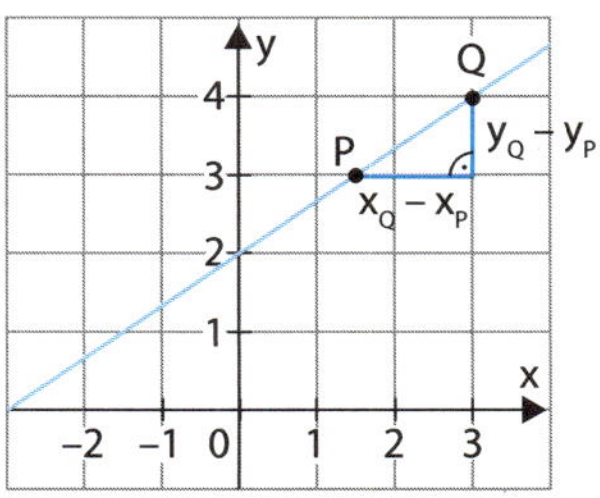

- Geraden können auch parallel zu den Achsen verlaufen.
  - Für Geraden, die parallel zur x-Achse verlaufen, gilt: $y = a$.
  - Für Geraden, die parallel zur y-Achse verlaufen, gilt: $x = a$. Bei diesen Geraden handelt es sich nicht um Graphen von Funktionen.

Quadratische Funktionen

- Eine Funktion f mit

  $f(x) = ax^2 + bx + c$ (Normalform)

  bzw.

  $f(x) = a(x - d)^2 + e$ (Scheitelform)

  nennt man quadratische Funktion.
  Sie schneidet die y-Achse im Punkt $P(0 \mid c)$. Der Scheitelpunkt liegt bei $S(d \mid e)$.
  a heißt Streckfaktor des Graphen.

- **Verschiebung** in x- und y-Richtung:
  Der Graph der Funktionsgleichung $f(x) = a(x - d)^2 + e$ ist im Vergleich zur Normalparabel $y = x^2$ um die Strecke e entlang der y-Achse und um die Strecke d entlang der x-Achse verschoben. Ist $d > 0$, so erfolgt die Verschiebung nach rechts, ist $d < 0$ nach links.

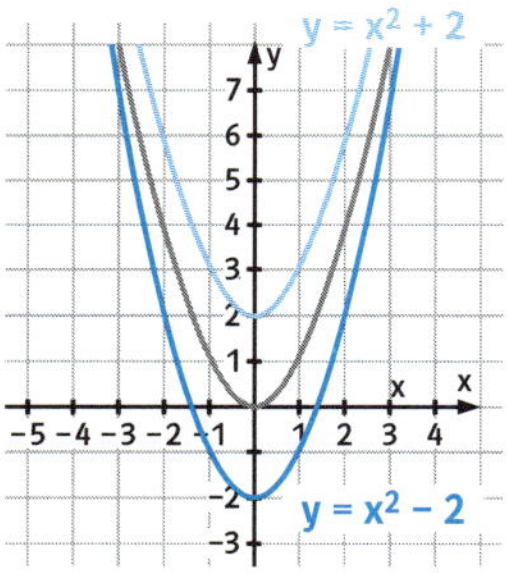

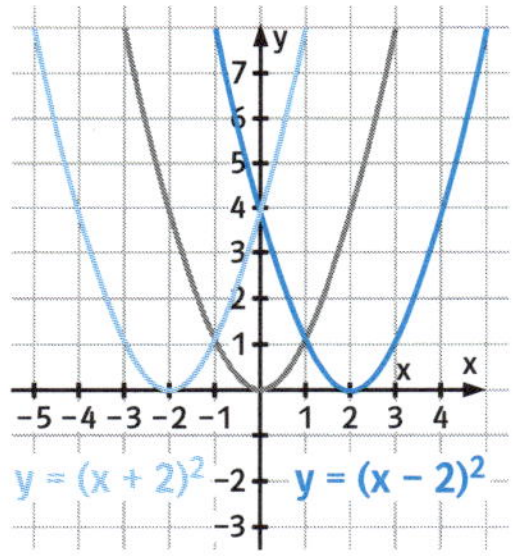

- **Strecken** und **Spiegeln**:
  Der Graph der Funktionsgleichung $f(x) = a \cdot x^2$ $(a > 0)$ ist im Vergleich zur Normalparabel mit dem Faktor a gestreckt.
  Ist $0 < a < 1$, so wird die Parabel weiter.
  Ist $a > 1$, so wird die Parabel enger.
  Ist der Faktor a negativ, so ist die Parabel an der x-Achse gespiegelt.

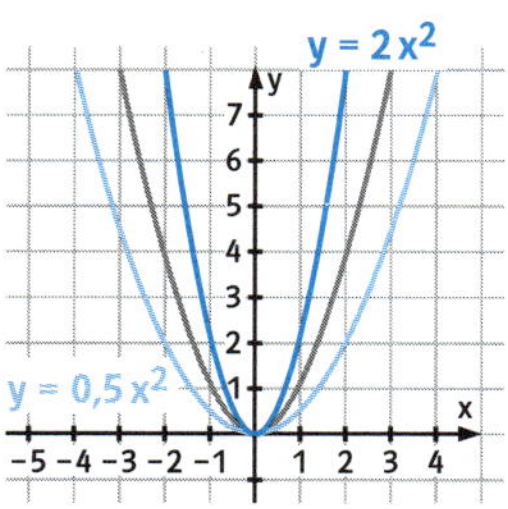

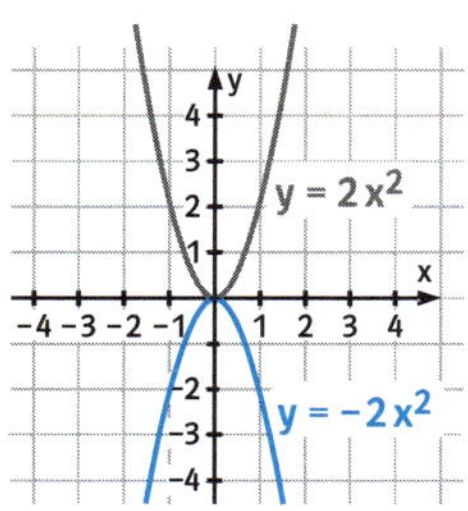

Potenzfunktionen mit natürlichen Exponenten

- Für jedes $n \in \mathbb{N}$ heißt die Funktion
  $f(x) = ax^n \quad (x \in \mathbb{R};\ a \in \mathbb{R} \setminus \{0\})$
  Potenzfunktion n-ten Grades.

- **Eigenschaften:**
  - Jede Potenzfunktion geht durch den Ursprung. Es gilt: $f(0) = 0$.
  - Der Koeffizient a gibt an, ob die Funktion gestreckt oder gestaucht ist.
    Für $-1 < a < 1$ ist der Graph gestaucht (breiter).
    Für $a < -1$ oder $a > 1$ ist der Graph gestreckt (enger).

- **Gerader Exponent:**
  - $f(1) = a$ und $f(-1) = a$: Der Graph geht durch $P(1\,|\,a)$ und $Q(-1\,|\,a)$.
  - Ist $a > 0$ so verläuft die Funktion oberhalb der x-Achse.
  - Ist $a < 0$, so verläuft die Funktion unterhalb der x-Achse.
  - $f(x) = f(-x)$: Die Funktion ist achsensymmetrisch zur y-Achse.

- **Ungerader Exponent:**
  - $f(1) = a$ und $f(-1) = -a$: Der Graph geht durch $P(1\,|\,a)$ und $Q(-1\,|-a)$.
  - Die Funktionswerte wechseln am Ursprung ihr Vorzeichen.
  - $f(x) = -f(x)$: Die Funktion ist punktsymmetrisch zum Ursprung.

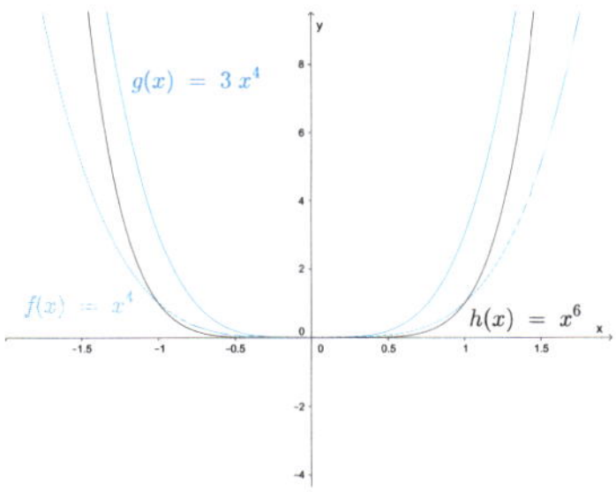

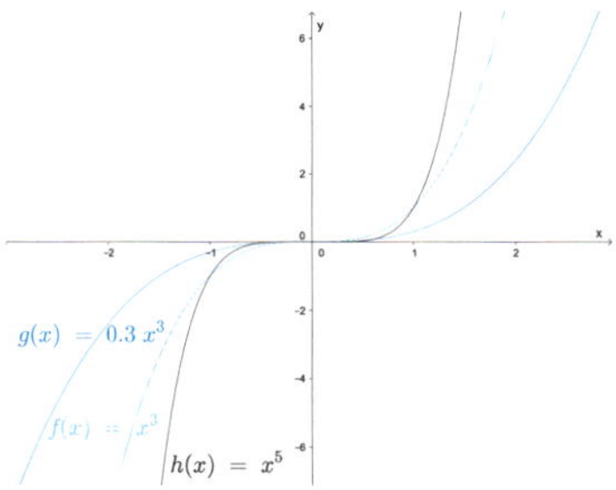

Potenzfunktionen mit rationalen Exponenten

- Eine Funktion f mit
  $$f(x) = a \cdot x^{\frac{p}{q}} = a \cdot \sqrt[q]{x^p} \quad (a \in \mathbb{R};\ p \in \mathbb{Z};\ q \in \mathbb{N})$$
  heißt Potenzfunktion mit rationalen Exponenten.
  Die Funktion $f(x) = x^{\frac{1}{2}} = \sqrt{x}$ heißt **Wurzelfunktion.**

- Bei Potenzfunktionen mit rationalen Exponenten muss auf die Definitionsmenge geachtet werden. Sie muss so gewählt sein, dass die Wurzelterme definiert sind. Z. B.: $f(x) = x^{\frac{1}{2}} = \sqrt{x}$; $D \in \mathbb{R}_0^+$

- Positiver Exponent und $a = 1$:
  - Die Graphen gehen durch den Ursprung und den Punkt $P(1|1)$.
  - Die Funktion ist streng monoton steigend.
  - Ist der Exponent > 1, so verläuft der Graph für $0 \leqq x < 1$ unterhalb und für $x > 1$ oberhalb der Winkelhalbierenden $y = x$.
  - Ist der Exponent < 1, so verläuft der Graph für $0 \leqq x < 1$ oberhalb und für $x > 1$ unterhalb der Winkelhalbierenden $y = x$.

- Negativer Exponent und $a = 1$:
  - Die Graphen gehen durch den Punkt $P(1|1)$.
  - Die Funktion ist streng monoton fallend.
  - Für $x \to \infty$ gilt $f(x) \to 0$. Die x-Achse ist Asymptote.
  - Für $x \to 0$ gilt $f(x) \to \infty$. Die y-Achse ist Asymptote.

- Für die Ableitung gilt: $f'(x) = \frac{p}{q} \cdot a \cdot x^{\frac{p}{q}-1}$.

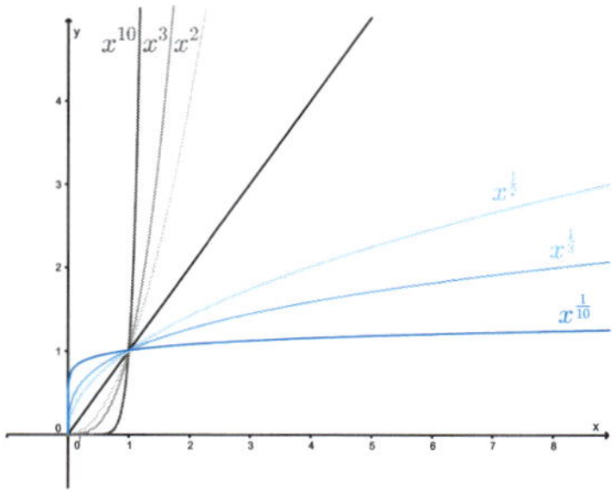

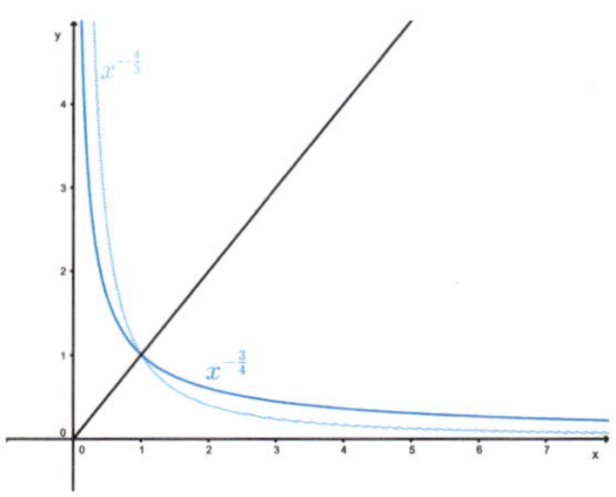

Ganzrationale Funktionen

- Für jedes $n \in \mathbb{N}$ heißt die Funktion
  $$f(x) = a_n x^n + a_{n-1} x^{n-1} + \ldots + a_1 x + a_0$$
  ganzrationale Funktion n-ten Grades.

- Dabei sind die Koeffizienten $a_n, a_{n-1}, \ldots, a_0$ reelle Zahlen ($a_n \neq 0$).

- **Symmetrie:**
  - Eine ganzrationale Funktion mit nur geraden Hochzahlen ist achsensymmetrisch zur y-Achse.
  - Eine ganzrationale Funktion mit nur ungeraden Hochzahlen ist punktsymmetrisch zum Ursprung.

- Eine ganzrationale Funktion vom Grad n ($n \in \mathbb{N}$) kann höchstens n Nullstellen besitzen.

- Das **Verhalten des Graphen** für x gegen plus unendlich und minus unendlich ($x \to \pm\infty$), wird durch den Summanden mit der höchsten Potenz bestimmt.
  Wenn n gerade und $a_n > 0$ ist, strebt $f(x) \to \infty$ für $x \to \pm\infty$.
  Wenn n gerade und $a_n < 0$ ist, strebt $f(x) \to -\infty$ für $x \to \pm\infty$.
  Wenn n ungerade und $a_n > 0$ ist, strebt $f(x) \to \infty$ für $x \to \infty$ und $f(x) \to -\infty$ für $x \to -\infty$.
  Wenn n ungerade und $a_n < 0$ ist, strebt $f(x) \to -\infty$ für $x \to \infty$ und $f(x) \to \infty$ für $x \to -\infty$.

- **Ableitung:**
  Jede ganzrationale Funktion f mit dem Grad n ist differenzierbar. Ihre Ableitung ist wieder eine ganzrationale Funktion, jedoch mit dem Grad $n-1$.

2. Grades

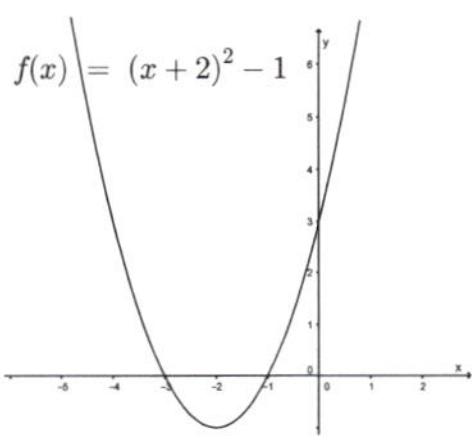

3. Grades

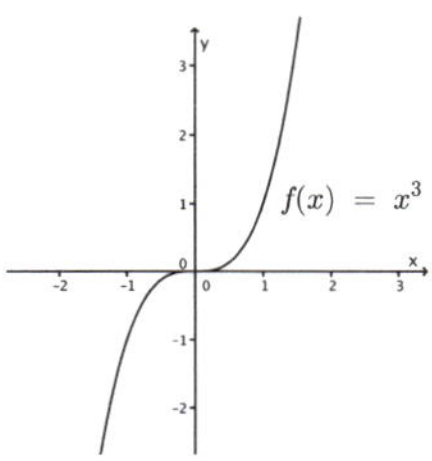

4. Grades

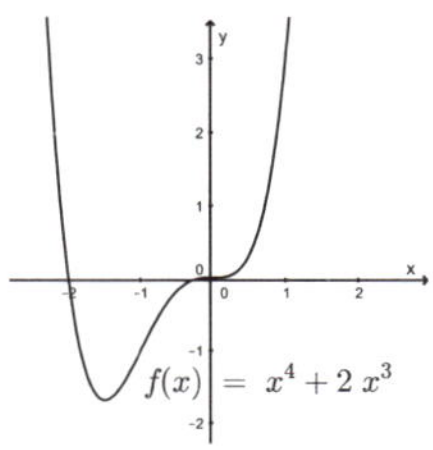

Nullstellen bei ganzrationalen Funktionen

- Je nachdem, welche Form die Funktion f hat, gibt es bei ganzrationalen Funktionen verschiedene Verfahren, die Nullstellen zu berechnen. Eine ganzrationale Funktion n-ten Grades hat höchstens n Nullstellen.

- **Ablesen:** Die Funktion ist als Produkt von Linearfaktoren angegeben.
  $f(x) = (x - 1) \cdot (x + 3) \cdot (x - 12)$
  Die Gleichung $f(x) = 0$ ist erfüllt, wenn einer der Linearfaktoren den Wert null annimmt. Die Nullstellen der Funktion lauten: $x_1 = 1$; $x_2 = -3$; $x_3 = 12$.

- **Ausklammern:** Jeder Summand des Funktionsterms enthält Variablen.
  $f(x) = x^3 - 2x = x(x^2 - 2)$
  Die Gleichung $f(x) = 0$ ist erfüllt, wenn einer der Faktoren den Wert null annimmt. Die Nullstellen der Funktion lauten: $x_1 = 0$; $x_2 = -\sqrt{2}$; $x_3 = \sqrt{2}$.

- **Substitution:** Der Funktionsterm enthält nur Potenzen x^2 und x^4 oder x^3 und x^6 (usw.).

  $f(x) = 2x^4 - 3x^2 + 1$

  Um die Gleichung $2x^4 - 3x^2 + 1 = 0$ zu lösen, ersetzt man die Potenzen durch z^2 und z. Dadurch erhält man die quadratische Gleichung:
  $2z^2 - 3z + 1 = 0$.
  Die Lösungen der Gleichung ergeben sich mithilfe der Mitternachtsformel oder der p-q-Formel zu: $z_1 = 1$; $z_2 = \frac{1}{2}$.
  Die Rücksubstitution $z_1 = x^2$; $z_2 = x^2$ liefert die Lösungen der Gleichung $f(x) = 0$: $x_1 = -1$; $x_2 = 1$; $x_3 = -\frac{1}{\sqrt{2}}$; $x_4 = \frac{1}{\sqrt{2}}$.

Kurvendiskussion einer ganzrationalen Funktion

- Untersuchung des Graphen der Funktion f

$$f(x) = \frac{1}{2}x^4 - 3x^2 + \frac{5}{2}$$

auf Symmetrie, gemeinsame Punkte mit den Koordinatenachsen, Extrem- und Wendepunkte

- **Symmetrie:**
Da die Funktion nur gerade Hochzahlen enthält, ist der Graph der Funktion symmetrisch zur y-Achse.

- **Schnittpunkte** mit den Koordinatenachsen:
x-Achse: $f(x) = 0$
$\frac{1}{2}x^4 - 3x^2 + \frac{5}{2} = 0$
Substitution liefert: $x_{1/2} = \pm\sqrt{5}$; $x_{3/4} = \pm 1$.
$N_{1/2}\left(\pm\sqrt{5}\,|\,0\right)$; $N_{3/4}(\pm 1\,|\,0)$.

y-Achse: $f(0) = \frac{5}{2}$; $S\left(0\,\middle|\,\frac{5}{2}\right)$

- **Ableitungen:**
$f'(x) = 2x^3 - 6x = 2x(x^2 - 3)$; $f''(x) = 6x^2 - 6 = 6(x^2 - 1)$; $f'''(x) = 12x$

- **Extrempunkte:**
$f'(x) = 0$; $2x(x^2 - 3) = 0$; $x_1 = 0$; $x_2 = \pm\sqrt{3}$
$f''(0) = -6 < 0$; also Hochpunkt $H(0\,|\,2{,}5)$
$f''\left(\pm\sqrt{3}\right) = 6 \cdot 3 - 6 = 12 > 0$; also Tiefpunkte $T_{1/2}\left(\pm\sqrt{3}\,|\,-2\right)$

- **Wendepunkte:**
$f''(0) = 0$; $6(x^2 - 1) = 0$; $x_{1/2} = \pm 1$
$f'''(\pm 1) = \pm 12 \neq 0$; also Wendepunkte $W_{1/2}(\pm 1\,|\,0)$

Aufstellen von Funktionsgleichungen

- Hierbei geht es darum eine Funktion (meistens eine ganzrationale) zu finden, die bestimmte Bedingungen erfüllt.

- Strategie zur Bestimmung einer ganzrationalen Funktion
  - Formulieren der gegebenen Bedingungen mittels f, f′, f″, usw.
  - Zur Bestimmung einer Funktion n-ten Grades braucht man mindestens $n+1$ Bedingungen.
  - Aufstellen und Lösen eines linearen Gleichungssystems
  - Angabe der gefundenen Funktion und Kontrollieren des Ergebnisses

- Ist das Schaubild der gesuchten Funktion symmetrisch, so kann dies bereits im Ansatz berücksichtigt werden.
  - Alle zur y-Achse achsensymmetrischen Funktionen haben nur gerade Hochzahlen von x und ein Absolutglied im Ansatz.
  - Alle zum Ursprung punktsymmetrischen Funktionen haben nur ungerade Hochzahlen von x und kein Absolutglied im Ansatz.

- **Beispiel:** Gesucht ist eine ganzrationale Funktion, deren Schaubild in A(0 | 4) einen Extrempunkt hat, für $x = 2$ die x-Achse schneidet und durch B(1 | 3) geht.
  - Bedingungen: $f(0) = 4$; $f'(0) = 0$; $f(2) = 0$ und $f(1) = 3$
  - Wegen der vier Bedingungen handelt es sich möglicherweise um eine Funktion 3. Grades.
  - $f(x) = ax^3 + bx^2 + cx + d$; $f'(x) = 3ax^2 + 2bx + c$

    LGS*: $f(0) = 4$: $d = 4$

    $f'(0) = 0$: $c = 0$

    $f(2) = 0$: $8a + 4b + 4 = 0$

    $f(1) = 3$: $a + b + 4 = 3$

    * es wurden die oberen Bedingungen bereits eingesetzt
  - Aus der letzten Gleichung folgt: $a = -1 - b$. Einsetzen in die vorherige Gleichung ergibt: $8(-1-b) + 4b + 4 = 0$ und damit $b = -1$, sowie $a = 0$
  - Die gesuchte Funktion lautet: $f(x) = -x^2 + 4$.
  - Die gefundene Funktion ist trotz des Ansatzes einer ganzrationalen Funktion 3. Grades nur vom Grad 2. Sie erfüllt dennoch die geforderten Bedingungen.

Gebrochenrationale Funktionen

- Eine Funktion f mit

$$f(x) = \frac{p(x)}{q(x)} = \frac{a_n x^n + a_{n-1}x^{n-1} + \ldots + a_1 x + a_0}{b_m x^m + b_{m-1}x^{m-1} + \ldots + b_1 x + b_0} \quad (n, m \in \mathbb{N};\ a_n, b_m \neq 0)$$

  heißt gebrochenrational, wenn diese Darstellung nur mit einem Nennerpolynom möglich ist, dessen Grad mindestens 1 ist.

- Die **Nullstellen** des **Nennerpolynoms** q (x) sind nicht in der Definitionsmenge enthalten und werden deshalb als **Definitionslücken** bezeichnet.
  Hat das Nennerpolynom q (x) den Grad m, so kann es höchstens m Definitionslücken geben.

- Die **Nullstellen** des **Zählerpolynoms** p (x), die nicht gleichzeitig Definitionslücken sind, sind die Nullstellen der gebrochenrationalen Funktion.

- **Definitionslücken:**
  - Gilt $q(x_0) = 0$, so ist x_0 eine Definitionslücke, unabhängig davon, ob $p(x_0)$ auch den Wert null annimmt oder nicht.
    Man unterscheidet zwischen Polstellen und hebbaren Definitionslücken.
  - **Polstellen:**
    Ist $q(x_0) = 0$ und $p(x_0) \neq 0$, so nennt man die Definitionslücke x_0 eine Polstelle von f.
    Ist x_0 Polstelle einer gebrochenrationalen Funktion f, so gilt
    $|f(x) \to \infty|$ für $x \to x_0$.
    Die Gerade mit der Gleichung $x = x_0$ heißt senkrechte Asymptote des Graphen von f.
    Man unterscheidet Polstellen mit oder ohne Vorzeichenwechsel (VZW).
  - **Hebbare Definitionslücke:**
    Ist $q(x_0) = 0$ und $p(x_0) = 0$, so sagt man, die Definitionslücke x_0 ist hebbar.
    Bemerkung:
    Ist x_0 Nullstelle des Nenners und des Zählers, lässt sich stets der Linearfaktor $x - x_0$ im Nenner und Zähler abspalten und kürzen.

Asymptoten bei gebrochenrationalen Funktionen

- Nähert sich der Graph einer Funktion einer Geraden beliebig nahe an, so nennt man diese Gerade eine **Asymptote**. Man unterscheidet zwischen senkrechten, waagerechten und schiefen Asymptoten.

- Das Verhalten für x gegen unendlich und gegen minus unendlich wird bei gebrochenrationalen Funktionen

  $$f(x) = \frac{p(x)}{q(x)} = \frac{a_z x^z + a_{z-1} x^{z-1} + a_{z-2} x^{z-2} + \ldots + a_0}{b_n x^n + b_{n-1} x^{n-1} + b_{n-2} x^{n-2} + \ldots + b_0}$$

  durch den Grad des Zählerpolynoms p(x) und den Grad des Nennerpolynoms q(x) bestimmt.

  - Zählergrad z < Nennergrad n
    Die x-Achse (y = 0) ist waagerechte Asymptote.
  - Zählergrad z = Nennergrad n
    Die Gerade mit der Gleichung $y = \frac{a_z}{b_n}$ ist waagerechte Asymptote.
  - Zählergrad z = Nennergrad n + 1
    Die Gleichung der schiefen Asymptote erhält man mittels Polynomdivision.
  - Zählergrad z > Nennergrad n + 1
    Die Gleichung der Näherungskurve erhält man mittels Polynomdivision.

Kurvendiskussion einer gebrochenrationalen Funktion

- Untersuchung des Graphen der Funktion f

$$f(x) = \frac{x^2}{x+1}$$

auf Definitionslücken, Asymptoten gemeinsame Punkte mit den Koordinatenachsen, Extrem- und Wendepunkte

- **Definitionslücken:**
  Bei gebrochenrationalen Funktionen ist es besonders wichtig auf Definitionslücken zu achten, d.h. hier $x + 1 \neq 0$.
  Der Nenner nimmt den Wert 0 an für $x = -1$. Da der Zähler für diesen Wert ungleich 0 ist, handelt es sich um eine Polstelle mit VZW von minus nach plus.
- **Asymptoten:**
  Zählergrad z = Nennergrad n + 1: Es liegt eine schiefe Asymptote vor.
  Polynomdivision liefert:

  $$x^2 : (x+1) = x - 1 + \frac{1}{x+1}.$$

  Somit ist die Gerade mit $y = x - 1$ schiefe Asymptote für $x \to \pm\infty$.
- **Schnittpunkte** mit den Koordinatenachsen:
  x-Achse: $f(x) = 0$
  $x^2 = 0$
  $N_1(0 \mid 0)$
  y-Achse: $f(0) = 0$
  $S(0 \mid 0)$
- **Ableitungen:**

  $$f'(x) = \frac{x(x+2)}{(x+1)^2};$$

  $$f''(x) = \frac{2}{(x+1)^3}$$
- **Extrempunkte:**
  $f'(x) = 0; \quad x(x+2) = 0;$
  $x_1 = 0; \quad x_2 = -2$
  $f''(0) = 2 > 0,$
  also Tiefpunkt $T(0 \mid 0)$
  $f''(-2) = -2 < 0,$
  also Hochpunkt $H(-2 \mid -4)$
- **Wendepunkte:**
  $f''(x) \neq 0,$
  also kein Wendepunkt

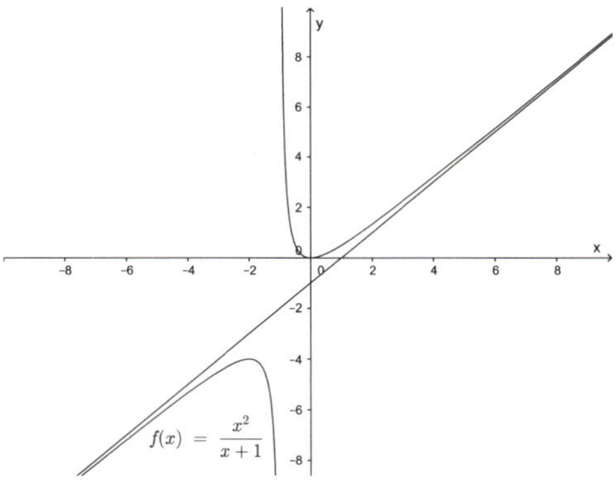

Exponentialfunktionen

- Eine Funktion f mit

  $f(x) = c \cdot a^x \quad (c, x \in \mathbb{R};\ a > 0, a \neq 1)$

  heißt Exponentialfunktion zur Basis a.
  c gibt den Anfangsbestand f(0) zum Zeitpunkt $x = 0$ an.

- Ein Vorgang, der durch eine Exponentialfunktion beschrieben werden kann, wird exponentielles Wachstum genannt.

- **Eigenschaften**
  - Für $c > 0$ verlaufen die Graphen der Funktion f immer oberhalb der x-Achse. Exponentialfunktionen besitzen keine Nullstellen.
  - Alle Graphen verlaufen durch den Punkt $A(0\,|\,c)$
  - Für $a > 1$ und $c > 0$ ist mit $x_2 > x_1$ auch $a^{x_2} > a^{x_1}$. Der Graph der Funktion f ist streng monoton steigend.
  - Für $0 < a < 1$ und $c > 0$ ist mit $x_2 < x_1$ auch $a^{x_2} < a^{x_1}$. Der Graph der Funktion f ist streng monoton fallend.
  - Für $a > 1$ gilt für $x \to -\infty$: $a^x \to 0$; die x-Achse ist waagerechte Asymptote.
  - Für $0 < a < 1$ gilt für $x \to \infty$: $a^x \to 0$; die x-Achse ist waagerechte Asymptote.

- Die Graphen der Exponentialfunktion $f(x) = a^x$ und $f(x) = \left(\frac{1}{a}\right)^x = a^{-x}$ gehen durch Spiegelung an der y-Achse auseinander hervor.

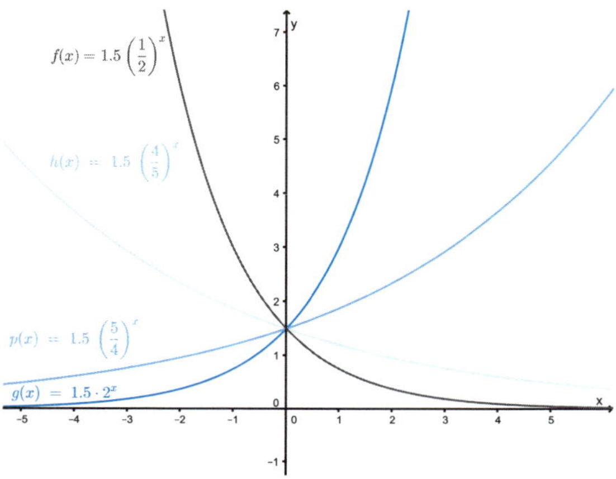

Die natürliche Exponentialfunktion

- Die Funktion f mit
  $f(x) = e^x \quad (x \in \mathbb{R})$
  heißt natürliche Exponentialfunktion.

- Die natürliche Exponentialfunktion ist eine Exponentialfunktion mit der Basis e. Diese Zahl $e = 2{,}71828$ heißt **Euler'sche Zahl.**

- **Eigenschaften**
  - Die natürliche Exponentialfunktion ist überall streng monoton steigend.
  - Sie hat keine Nullstellen.
  - Sie geht durch den Punkt $P(0\,|\,1)$.
  - Die Ableitung der natürlichen Exponentialfunktion ist wieder die natürliche Exponentialfunktion: $f'(x) = e^x$.
  - Sie ist die Umkehrfunktion der natürlichen Logarithmusfunktion.
  - Die natürliche Exponentialfunktion wächst schneller als jede Potenzfunktion mit positivem Exponenten
  - Für $x \to -\infty$ gilt $e^x \to 0$; die x-Achse ist waagerechte Asymptote.

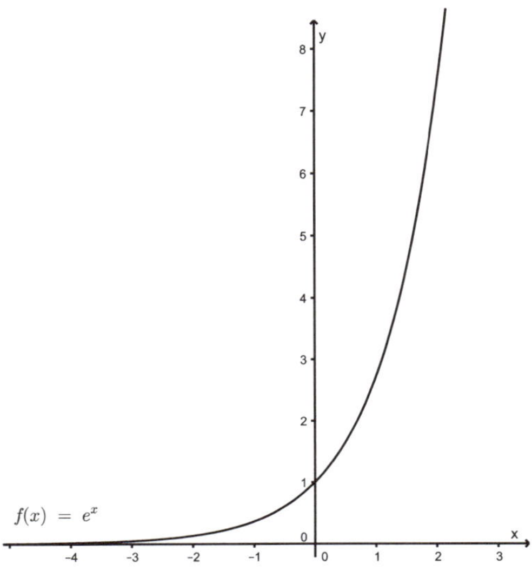

Spiegelung und Verschiebung der e-Funktion

- **Spiegelung**
  - Die Funktion $g(x) = e^{-x}$ ist gegenüber der Funktion $f(x) = e^x$ an der y-Achse gespiegelt.
  - Die Funktion $g(x) = -e^x$ ist gegenüber der Funktion $f(x) = e^x$ an der x-Achse gespiegelt.

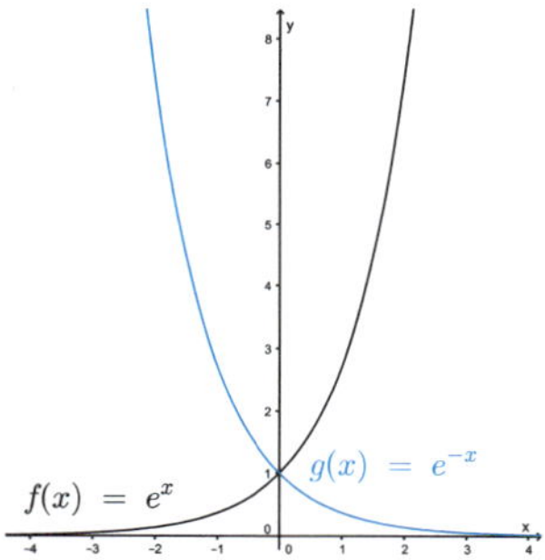

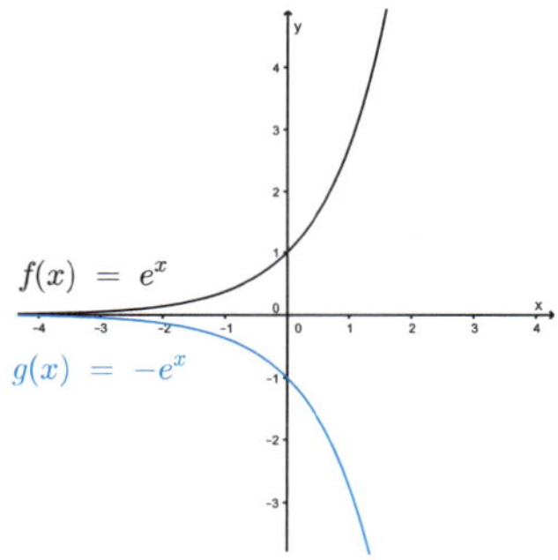

- **Verschiebung**
  - Die Funktion $g(x) = e^x + c$ ist gegenüber der Funktion $f(x) = e^x$ um c Einheiten in positiver y-Richtung verschoben.
    Die Funktion $h(x) = e^x - c$ ist gegenüber der Funktion $f(x) = e^x$ um c Einheiten in negativer y-Richtung verschoben.
  - Die Funktion $g(x) = e^{x-c}$ ist gegenüber der Funktion $f(x) = e^x$ um c Einheiten in positiver x-Richtung verschoben.
    Die Funktion $h(x) = e^{x+c}$ ist gegenüber der Funktion $f(x) = e^x$ um c Einheiten in negativer x-Richtung verschoben.

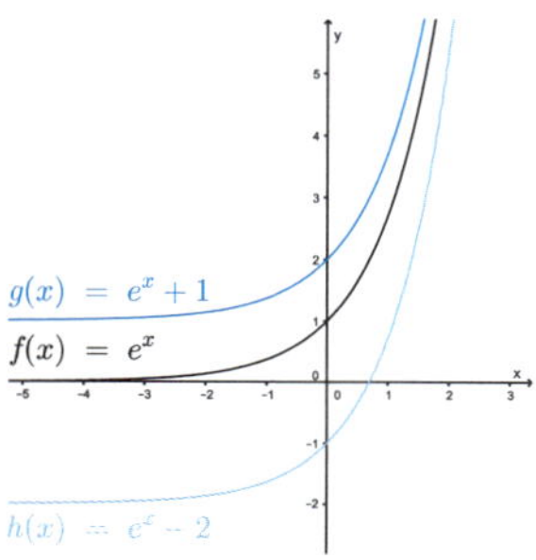

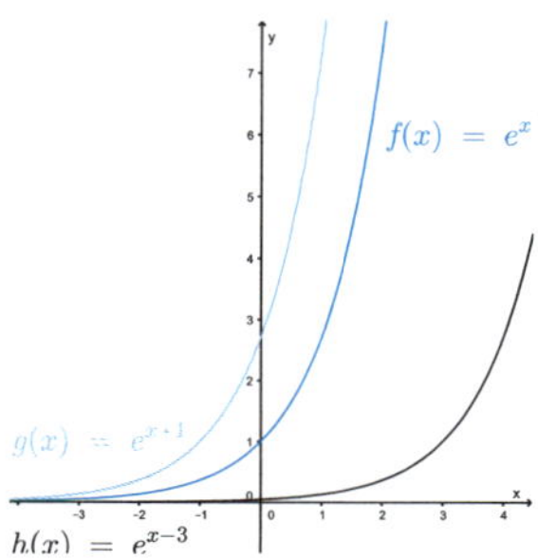

Streckung und Stauchung der e-Funktion

- Streckung und Stauchung in **y-Richtung**
  - Die Funktion $g(x) = c \cdot e^x$ ist für $c > 1$ gegenüber der Funktion $f(x) = e^x$ in y-Richtung gestreckt.
  - Die Funktion $g(x) = c \cdot e^x$ ist für $0 < c < 1$ gegenüber der Funktion $f(x) = e^x$ in y-Richtung gestaucht.

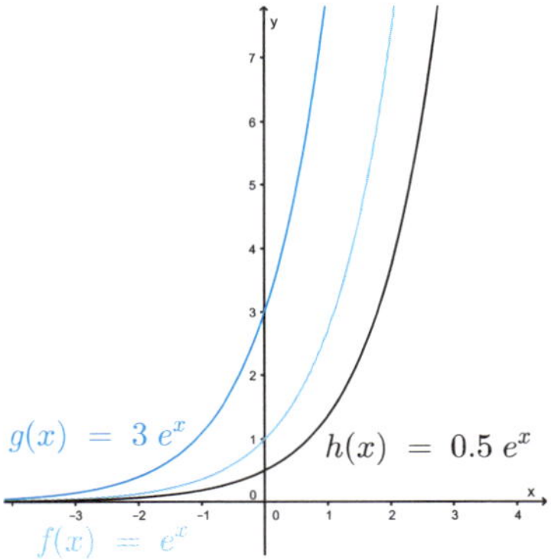

- Streckung und Stauchung in **x-Richtung**
  - Die Funktion $g(x) = e^{c \cdot x}$ ist für $c > 1$ gegenüber der Funktion $f(x) = e^x$ um den Faktor $\frac{1}{c}$ in x-Richtung gestaucht.
  - Die Funktion $g(x) = e^{c \cdot x}$ ist für $0 < c < 1$ gegenüber der Funktion $f(x) = e^x$ um den Faktor $\frac{1}{c}$ in x-Richtung gestreckt.

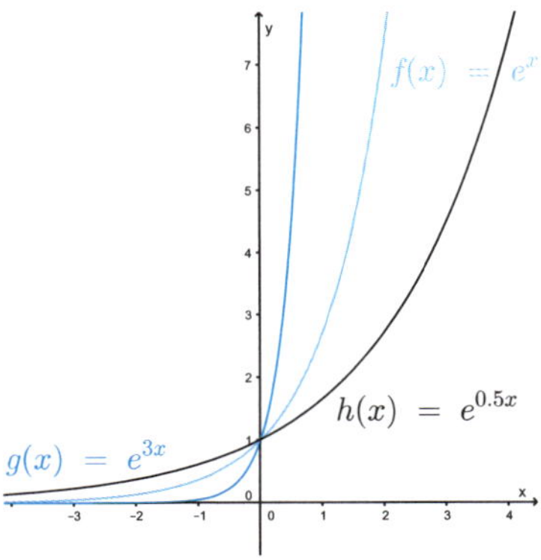

Kurvendiskussion einer Exponentialfunktion

- Untersuchung des Graphen der Funktion f

  $f(x) = (x + 1) \cdot e^{-x}$

  auf Asymptoten, gemeinsame Punkte mit den Koordinatenachsen, Extrempunkte und Wendepunkte

  - **Definitionbereich:**
    Da der Definitionsbereich alle reellen Zahlen sind, gibt es keine senkrechten Asymptoten.
  - **Asymptoten:**
    Für $x \to \infty$ gilt $f(x) \to 0$; für $x \to -\infty$ gilt $f(x) \to \infty$, also ist die x-Achse mit der Gleichung $y = 0$ waagerechte Asymptote.
  - **Schnittpunkte** mit den Koordinatenachsen:
    x-Achse: $f(x) = 0$
    Da $e^{-x} \neq 0$ für alle $x \in \mathbb{R}$, ist es ausreichend den ganzrationalen Teil der Funktion zu untersuchen:
    $(x + 1) = 0$
    $N(-1|0)$
    y-Achse: $f(0) = 0$ $S(0|1)$

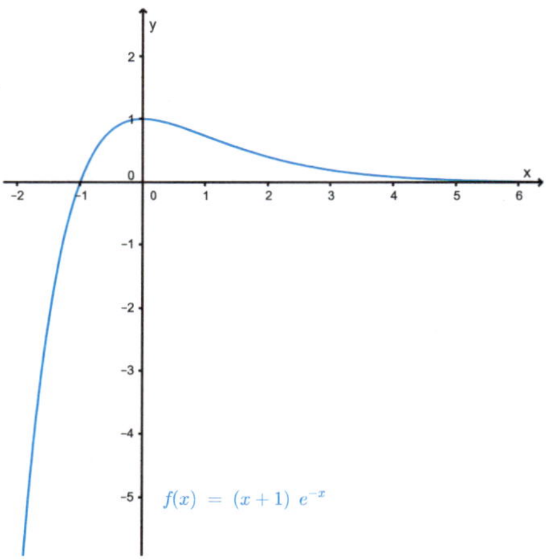

  - **Ableitungen:**
    $f'(x) = -x \cdot e^{-x}$
    $f''(x) = (-1 + x) \cdot e^{-x}$
    $f'''(x) = (-x + 2) \cdot e^{-x}$
  - **Extrempunkte:**
    $f'(x) = 0;$ $x = 0$
    $f''(0) = -1 < 0$,
    also Hochpunkt $H(0|1)$
  - **Wendepunkte:**
    $f''(x) = 0;$ $x = 1$
    $f'''(1) = 2 \neq 0$,
    also Wendepunkt $W(1|2e^{-1})$

Die natürliche Logarithmusfunktion

- Die Funktion f mit
  $$f(x) = \ln(x) \quad (x \in \mathbb{R}^+)$$
  heißt natürliche Logarithmusfunktion.

- **Eigenschaften**
  - Die natürliche Logarithmusfunktion ist überall streng monoton steigend.
  - Sie hat eine Nullstelle bei $x = 1$. D.h. $\ln(1) = 0$.
  - Für $0 < x < 1$ gilt: $\ln(x) < 0$.
  - Für $x > 1$ gilt: $\ln(x) > 0$.

- Für die **Ableitung** der natürlichen Logarithmusfunktion gilt: $f'(x) = \frac{1}{x}$.

- Sie ist die Umkehrfunktion der natürlichen Exponentialfunktion.

- Für $x \to \infty$ gilt $\ln(x) \to \infty$.

- Für $x \to -\infty$ gilt $\ln(x) \to -\infty$. Die y-Achse ist senkrechte Asymptote.

- $F(x) = \ln|x|$ ist die Stammfunktion der Funktion $f(x) = \frac{1}{x}$.

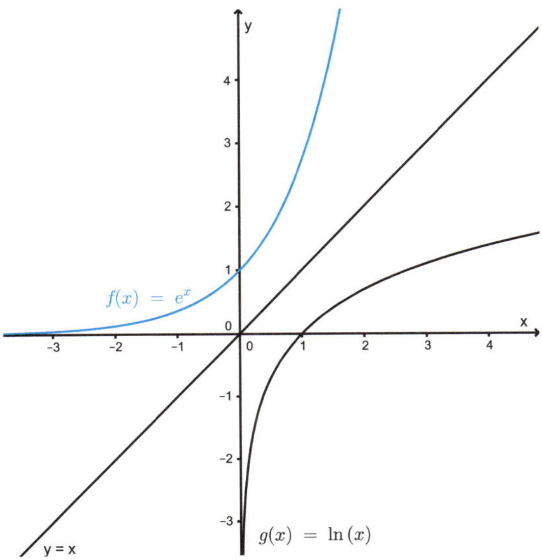

Die Sinusfunktion

- Eine Funktion f mit
  $$f(x) = \sin(x) \quad (x \in \mathbb{R})$$
  heißt Sinusfunktion.

- **Eigenschaften:**
  - Sie ist **periodisch** mit der Periode $p = 2\pi$. D.h. $\sin(x + 2\pi) = \sin(x)$.
  - Sie ist **punktsymmetrisch** zum Ursprung. Es gilt: $\sin(-x) = -\sin(x)$.
  - Für die **Wertemenge** gilt: $W_f = [-1;1]$.
  - Für die **Ableitung** gilt: $f'(x) = \cos(x)$.
  - Für die Koordinaten der **Hochpunkte** gilt: $H_k\left(\frac{\pi}{2} + k \cdot 2\pi \,\middle|\, 1\right)$; $k \in \mathbb{Z}$.
  - Für die Koordinaten der **Tiefpunkte** gilt: $T_k\left(\frac{3}{2}\pi + k \cdot 2\pi \,\middle|\, -1\right)$; $k \in \mathbb{Z}$.
  - Für die **Nullstellen** gilt: $N_k(k \cdot \pi \,|\, 0)$; $k \in \mathbb{Z}$.

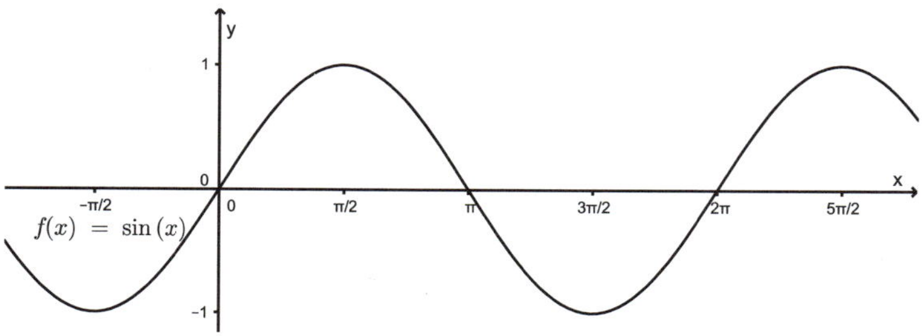

Die Kosinusfunktion

- Eine Funktion f mit
  $$f(x) = \cos(x) \quad (x \in \mathbb{R})$$
  heißt Kosinusfunktion.

- **Eigenschaften:**
  - Sie ist **periodisch** mit der Periode $p = 2\pi$. D.h. $\cos(x + 2\pi) = \cos(x)$.
  - Sie ist **achsensymmetrisch** zur y-Achse. Es gilt: $\cos(-x) = \cos(x)$.
  - Für die **Wertemenge** gilt: $W_f = [-1; 1]$.
  - Für die **Ableitung** gilt: $f'(x) = -\sin(x)$.
  - Für die Koordinaten der **Hochpunkte** gilt: $H_k(k \cdot 2\pi \mid 1)$ $(k \in \mathbb{Z})$.
  - Für die Koordinaten der **Tiefpunkte** gilt: $T_k((2k + 1) \cdot \pi \mid 1)$ $(k \in \mathbb{Z})$.
  - Für die **Nullstellen** gilt: $N_k\left(\frac{\pi}{2} + k \cdot \pi \,\middle|\, 0\right)$ $(k \in \mathbb{Z})$.

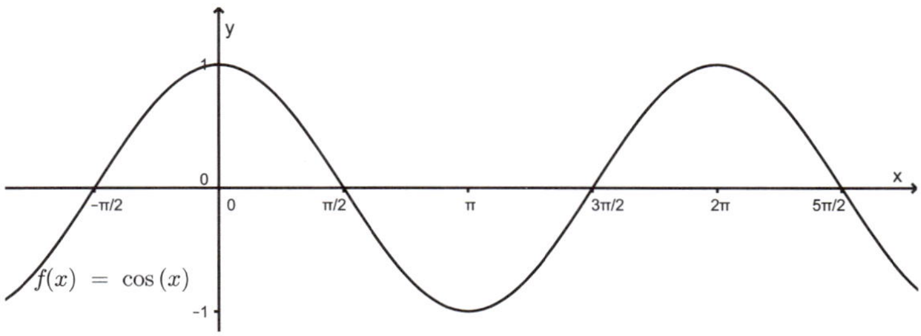

Allgemeine Sinusfunktion

- Für die Funktion f mit
  $$f(x) = a \cdot \sin[b(x - c)] + d \quad (a, b, c, d, x \in \mathbb{R};\ b > 0)$$
  gilt:
  - f hat die **Periode** $p = \frac{2\pi}{b}$,
  - f hat die **Amplitude** $|a|$.
  - Der Graph von f ist zusätzlich zur veränderten Periode und Amplitude gegenüber dem Graphen der Funktion $f(x) = \sin(x)$ in Richtung der x- und y-Achse verschoben.

- Entsprechendes gilt für die Funktion $f(x) = a \cdot \cos[b(x - c)] + d$.

- Veränderung der **Periode**: Hat die Sinusfunktion die Periode 2π, so hat die Funktion $f(x) = \sin(bx)$ die Periode $p = \frac{2\pi}{b}$.

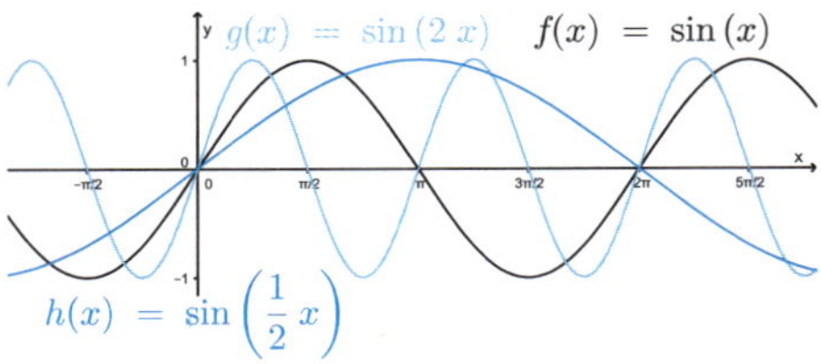

- Veränderung der **Amplitude**: Hat die Sinusfunktion die Amplitude 1, so hat die Funktion $f(x) = a \cdot \sin(x)$ die Amplitude $|a|$.

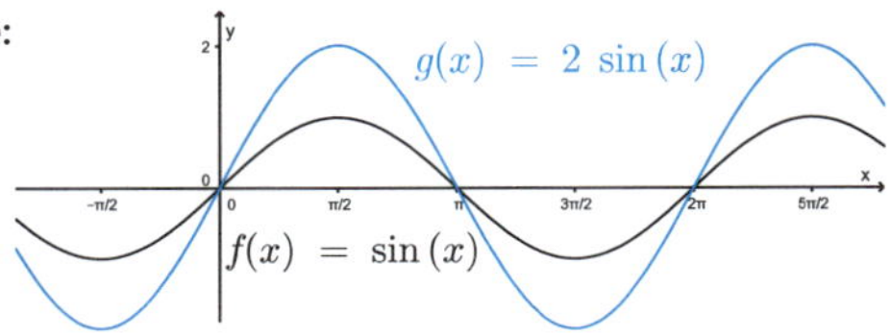

- **Verschiebung**:
  - in y-Richtung:
    Die Funktion $f(x) = \sin(x) + d$ ist gegenüber der Sinusfunktion um d Einheiten entlang der y-Achse verschoben.
  - in x-Richtung:
    Die Funktion $f(x) = \sin(x - c)$ ist gegenüber der Sinusfunktion um c Einheiten entlang der x-Achse verschoben.

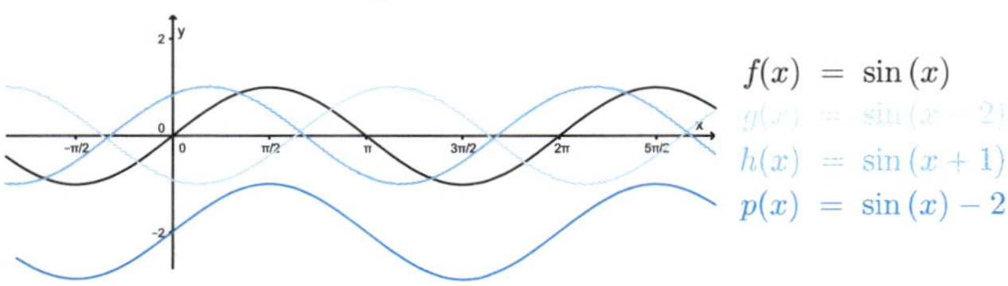

Kurvendiskussion einer trigonometrischen Funktion

- Untersuchung des Graphen der Funktion f

  $$f(x) = 3 \cdot \sin[2(x-2)]$$

  auf Periode, Amplitude, Nullstellen, Extrempunkte und Wendepunkte

  - **Periode:**
    $f(x) = 3 \cdot \sin[2x - 2] = 3 \cdot \sin[2(x-1)]$
    Somit hat der Graph der Funktion die Periode: $p = \frac{2\pi}{2} = \pi$.
  - **Amplitude:**
    $a = 3$
  - **Nullstellen:**
    Die Sinusfunktion hat die erste Nullstelle bei $x = 0$. Da der Graph der Funktion f um eine Einheit nach rechts verschoben ist, hat die Funktion die erste Nullstelle bei $x = 1$. Da die Funktion die Periode π hat, gilt für die Nullstellen: $x_k = 1 + k \cdot \frac{\pi}{2}$ $(k \in \mathbb{Z})$.
  - **Extrempunkte:**
    Für die Hochpunkte der Sinusfunktion gilt: $H_k\left(\frac{\pi}{2} + k \cdot 2\pi \,\middle|\, 1\right)$ $(k \in \mathbb{Z})$.
    Da der Graph der Funktion f um 1 Einheit nach rechts verschoben ist, gilt für den x-Wert des Hochpunktes $x_k = \frac{\pi}{2} + 1 \cdot k \cdot 2\pi$ $(k \in \mathbb{Z})$. Für den y-Wert des Hochpunktes gilt $y = 3$. Somit gilt für die Funktionswerte des Hochpunktes $H_k\left(\frac{\pi}{2} + 1 + k \cdot 2\pi \,\middle|\, 3\right)$ $(k \in \mathbb{Z})$. Analog ergibt sich für die Tiefpunkte $T_k\left(\frac{3}{2}\pi + 1 + k \cdot 2\pi \,\middle|\, -3\right)$ $(k \in \mathbb{Z})$.

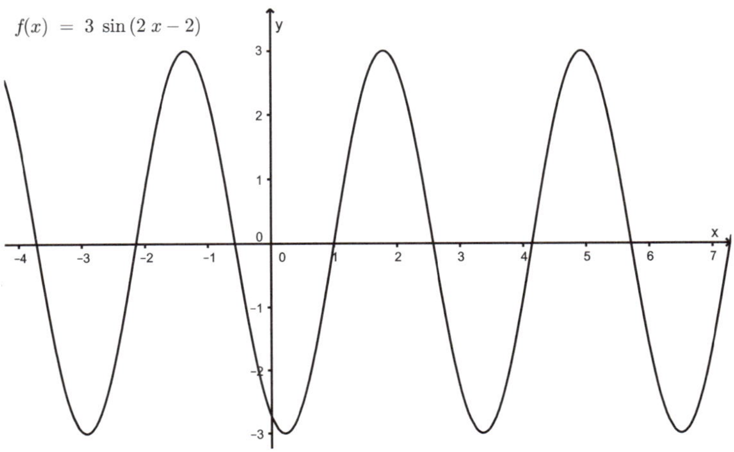

Funktionenscharen

- Enthält ein Funktionsterm außer der Funktionsvariablen x noch eine weitere Variable t (Parameter), so gehört zu jedem möglichen Wert von t eine Funktion $f_t(x)$.
  Die Menge dieser Funktionen nennt man eine Funktionenschar, ihre Schaubilder eine Kurvenschar.

- Beim Ableiten einer Funktionenschar wird der Parameter wie eine Zahl behandelt.
  Beispiel:
  $f_t(x) = -x^2 + tx$
  $f_t'(x) = -2x + t$
  $f_t''(x) = -2$

- Die Koordinaten der ermittelten Nullstellen, Extrempunkte und Wendepunkte bei Funktionenscharen enthalten in der Regel den Parameter.
  Beispiel:
  $f_t(x) = -x^2 + tx = x(-x + t) = 0$
  $x_1 = 0;\ x_2 = t$
  $N_1(0\,|\,0);\ N_2(t\,|\,0)$

- **Graphen**

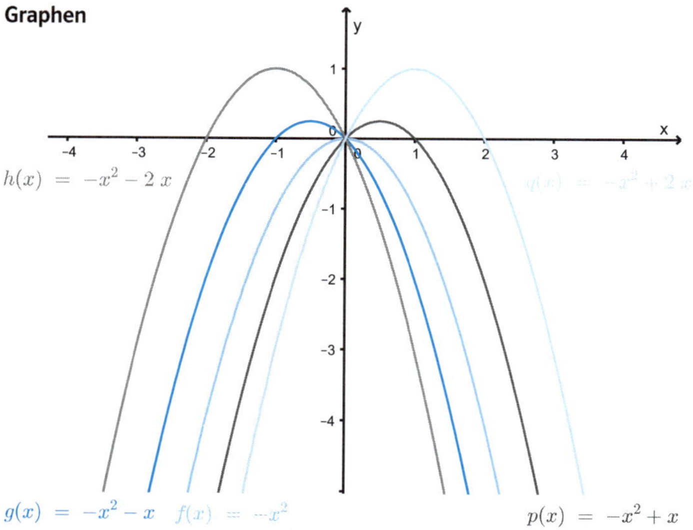

Bestimmung der Ortskurve

- Bei einer Funktionenschar hängen häufig die Koordinaten bestimmter Punkte, wie z. B. Extrempunkte oder Wendepunkte, von dem Parameter t ab. Durchläuft t alle zugelassenen Werte, so bilden die Punkte P_t eine Kurve. Diese Kurve heißt Ortslinie, Ortskurve oder geometrischer Ort der Punkte P_t.

- **Vorgehensweise:**
  - Man bestimmt die Koordinaten des entsprechenden Punktes in Abhängigkeit vom Parameter t.
  - Dann löst man den x-Wert des Punktes nach dem Parameter t auf und setzt diesen Wert in den y-Wert ein.

- **Beispiel:**
  Bestimme für $f_t(x) = \frac{6}{x} - \frac{2t}{x^2}$ $(t > 0)$ die Ortskurve C der Hochpunkte aller Schaubilder K_t.
  Hochpunkt bestimmen: $f_t'(x) = -\frac{6}{x^2} + \frac{4t}{x^3}$; $f_t''(x) = \frac{12}{x^3} - \frac{12t}{x^4}$

  Aus $f_t'(x) = 0$ folgt: $x = \frac{2}{3}t$. Da $f_t''\left(\frac{2}{3}t\right) = -\frac{81}{4t^3} < 0$.

  Es liegt ein Hochpunkt mit folgenden Koordinaten vor: $HP\left(\frac{2}{3}t \,\middle|\, \frac{9}{2t}\right)$.

  Bestimmung der Ortskurve:
  Auflösen der x-Koordinaten des Hochpunktes nach t: $t = \frac{3}{2}x$ und Einsetzen in die y-Koordinate des Hochpunktes:

  $y = \frac{9}{2 \cdot \frac{3}{2}x} = \frac{3}{x}$ (Gleichung der Ortskurve)

Extremwertprobleme bei ganzrationalen Funktionen

- Zum Lösen von Extremwertproblemen ist folgende **Strategie** sinnvoll:
  - Man sucht eine Formel, die die Größe beschreibt, die extremal werden soll. Diese Formel kann von mehreren Variablen abhängen.
  - Um die Anzahl der Variablen in der Formel zu verringern, sucht man nach Nebenbedingungen, die Abhängigkeiten zwischen den einzelnen Variablen enthalten.
  - Aufstellen einer Zielfunktion, die nur noch von einer Variablen abhängt
  - Extrempunkte der Zielfunktion bestimmen. Hierbei muss auch der Rand des Definitionsbereichs betrachtet werden.

- **Beispiel:**
  Ein Schäfer benötigt für seine Schafherde einen rechteckigen Pferch mit einem Flächeninhalt von $400\,m^2$. Wie soll er die Maße des Rechtecks wählen, damit für eine Umzäunung möglichst wenig Material benötigt wird, wenn eine Rechteckseite von einem Bach gebildet wird.
  - Formel für die Umzäunung:
    Für den Umfang eines Rechteckes mit den Seitenlängen a, b gilt:
    $U = 2a + 2b$.
    Da eine Seite nicht eingezäunt werden muss, weil dort der Bach entlang läuft, gilt: $U(a,b) = 2a + b$.
  - Nebenbedingungen:
    Für den Flächeninhalt des Rechtecks gilt: $A = a \cdot b = 400$.
    Somit ergibt sich für eine der beiden Variablen:
    $a = \frac{400}{b}$.
  - Diese Bedingung setzt man nun in die Zielfunktion U ein und erhält:
    $U(b) = 2 \cdot \frac{400}{b} + b = \frac{800}{b} + b$.
  - Für das Minimum der Zielfunktion ergibt sich daraus z. B. mit dem GTR:
    $b = 28{,}28$.
    Dies setzt man in die Bedingung $a = \frac{400}{b}$ ein und erhält:
    $a = 14{,}14$.
  - Antwort: Das Rechteck muss 28,28 m breit und 14,14 m lang sein.

Extremwert bei Abstandsproblemen

- Zum Lösen von Extremwertproblemen ist folgende **Strategie** sinnvoll:
  - Man sucht eine Formel, die die Größe beschreibt, die extremal werden soll. Diese Formel kann von mehreren Variablen abhängen.
  - Um die Anzahl der Variablen in der Formel zu verringern, sucht man nach Nebenbedingungen, die Abhängigkeiten zwischen den einzelnen Variablen enthalten.
  - Aufstellen einer Zielfunktion, die nur noch von einer Variablen abhängt
  - Extrempunkte der Zielfunktion bestimmen. Hierbei muss auch der Rand des Definitionsbereichs betrachtet werden.

- **Beispiel:**
  Gegeben sind die beiden Funktionen f und g mit
  $f(x) = 0{,}5x^2 - 4x + 13$
  und
  $g(x) = -1{,}5x^2 - 6x - 4.$
  Die Gerade $x = u$ schneidet den Graphen von f im Punkt P und den Graphen von g im Punkt Q.
  Für welches u ist der Abstand der beiden Punkte minimal?

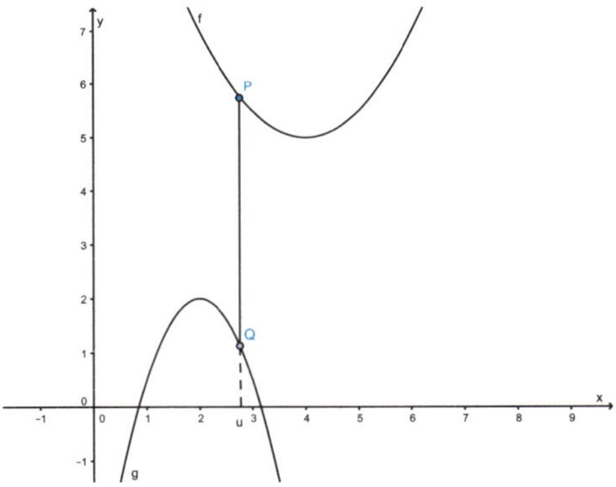

Für den Abstand der beiden Punkte gilt:

$d(P;Q) = f(x_p) - g(x_q)$

Mit $x_p = x_q = u$ folgt für den Abstand:

$d(P;Q) = d(u) = f(u) - g(u) = 0{,}5u^2 - 4u + 13 - (-1{,}5u^2 + 6u - 4)$

$= 2u^2 - 10u + 17$

Für das Minimum der Funktion ergibt sich:

$d'(u) = 4u - 10 = 0$

$u = \frac{5}{2}$

$d''(u) = 4 > 0.$

Somit wird für $u = 2{,}5$ der Abstand minimal.

Schnittpunkt und Berührpunkt zweier Funktionen

- Zwei Funktionen können sich in einem Punkt schneiden oder in einem Punkt berühren.

- Berühren sich zwei Funktionen, so besitzen sie an der Stelle, an der sie sich berühren, eine **gemeinsame Tangente.**
  Zwei Funktionen berühren sich in einem Punkt $B(x_0 \mid f(x_0))$, wenn gilt:
  $$f(x_0) = g(x_0) \text{ und } f'(x_0) = g'(x_0).$$

- **Vorgehensweise** zur Bestimmung des Schnittpunktes oder Berührpunktes zweier Funktionen.
  - Man setzt die beiden Funktionsgleichungen gleich und löst die Gleichung wie folgt auf: $f(x_0) - g(x_0) = 0$.
  - Dann kann das Problem auf die Berechnung von Nullstellen einer Funktion zurückgeführt werden.

- **Beispiel:**
  Bestimme den Schnittpunkt bzw. Berührpunkt der beiden Funktionen
  $f(x) = -2x^2 + 1$; $g(x) = x^4 - 2x^2$.
  Gleichsetzen der beiden Funktionen liefert:
  $$f(x) = g(x)$$
  $$-2x^2 + 1 = x^4 - 2x^2 \quad | +2x^2$$
  $$1 = x^4$$
  $$x = \pm 1$$
  Prüfen, ob es sich um einen Schnittpunkt oder einen Berührpunkt handelt.
  Für die Ableitungen gilt: $f'(x) = -4x$; $g'(x) = 4x^3 - 4x$.
  Setzt man $x = 1$ in die Ableitungen ein, so ergibt sich:
  $f'(1) = -4 \cdot 1 = -4$ und $g'(1) = 4 \cdot 1^3 - 4 \cdot 1 = 0$.
  Für $x = -1$ folgt: $f'(-1) = -4 \cdot (-1) = 4$ und $g'(-1) = 4 \cdot (-1)^3 - 4 \cdot (-1) = 0$.
  Da in beiden Fällen die beiden Ableitungen an den Stellen nicht identisch sind, handelt es sich um Schnittpunkte und nicht um Berührpunkte.

Lineare Gleichungen

- Eine Gleichung der Form
  $$ax + b = 0$$
  heißt lineare Gleichung.

- Eine lineare Gleichung hat entweder genau eine Lösung, keine Lösung oder unendlich viele Lösungen, nämlich jede Zahl der Grundmenge.

- Lineare Gleichungen löst man mittels Äquivalenzumformungen.
  Äquivalenzumformungen sind Umformungen, die die Lösungsmenge der Ausgangsgleichung nicht verändern, aber die Gleichung vereinfachen.
  D.h. die ursprüngliche Gleichung ist dann gleichwertig oder äquivalent zur umgeformten Gleichung.

  Äquivalenzumformungen:
  - Addieren und Subtrahieren der gleichen Zahl oder des gleichen Terms auf beiden Seiten.
  - Multiplizieren oder Dividieren von beiden Seiten mit dem gleichen Faktor bzw. Divisor. Diese Zahl darf jedoch nicht Null betragen.

- **Beispiele:**
  - $3(2x+7) = 4(x-3)$
    $$\begin{aligned} 6x + 21 &= 4x - 12 && \mid -21 \\ 6x &= 4x - 33 && \mid -4x \\ 2x &= -33 && \mid :2 \\ x &= -16{,}5 && L = \{-16{,}5\} \end{aligned}$$
  - $2 - 6(x-3) = 2(10-3x)$
    $$\begin{aligned} 2 - 6x + 18 &= 20 - 6x \\ 20 - 6x &= 20 - 6x \\ 0 &= 0 && L = \mathbb{R} \end{aligned}$$

Quadratische Gleichungen

- Eine Gleichung der Form
  $ax^2 + bx + c = 0 \quad (a \neq 0)$
  heißt quadratische Gleichung.
  ax^2 heißt quadratisches, bx lineares und c konstantes Glied.

- Eine quadratische Gleichung, bei der das lineare Glied fehlt, nennt man reinquadratische Gleichung: $ax^2 + c = 0$.

- Eine quadratische Gleichung kann keine, eine oder zwei Lösungen besitzen.

- Lösen einer quadratischen Gleichung der Form: $ax^2 + bx + c = 0$
  - **Mitternachtsformel:** kann für jede quadratische Gleichung benutzt werden.

    $x_{1,2} = \frac{-b \pm \sqrt{b^2 - 4ac}}{2a}$, wobei $b^2 - 4ac = D$ **Diskriminante** heißt.

    Zwei Lösungen, wenn $D > 0$:

    $x_1 = \frac{-b + \sqrt{b^2 - 4ac}}{2a}$ und $x_2 = \frac{-b - \sqrt{b^2 - 4ac}}{2a}$

    Eine Lösung, wenn $D = 0$:

    $x = -\frac{b}{2a}$.

    Keine Lösung, wenn $D < 0$.

  - **p-q-Formel:** kann nur benutzt werden, wenn $a = 1$ ist.

    Dann werden b und c zu $p = \frac{b}{a}$ und $q = \frac{c}{a}$.

    $x^2 + px + q = 0$

    $x_{1,2} = -\frac{p}{2} \pm \sqrt{\left(\frac{p}{2}\right)^2 - q}$, wobei $\left(\frac{p}{2}\right)^2 - q = D$ **Diskriminante** heißt.

    Zwei Lösungen, wenn $D > 0$:

    $x_1 = -\frac{p}{2} + \sqrt{\left(\frac{p}{2}\right)^2 - q}$ und $x_2 = -\frac{p}{2} - \sqrt{\left(\frac{p}{2}\right)^2 - q}$.

    Eine Lösung, wenn $D = 0$:

    $x = -\frac{p}{2}$.

    Keine Lösung, wenn $D < 0$.

Lösen einer quadratischen Gleichung

- Quadratische Gleichungen $ax^2 + bx + c = 0$ kann man mithilfe der Mitternachtsformel oder der p-q-Formel lösen.

- **Mitternachtsformel:**

  $-\frac{1}{2}x^2 - 2x + 7 = 0$

  Einsetzen von $a = -\frac{1}{2}$, $b = -2$ und $c = 7$ in $x_{1,2} = \frac{-b \pm \sqrt{b^2 - 4ac}}{2a}$ ergibt:

  $$x_{1,2} = \frac{2 \pm \sqrt{4 - 4 \cdot \left(-\frac{1}{2}\right) \cdot 7}}{2 \cdot \left(-\frac{1}{2}\right)} = \frac{2 \pm \sqrt{18}}{-1} = -\left(2 \pm 3\sqrt{2}\right)$$

  $x_1 = -2 - 3\sqrt{2}$; $x_2 = -2 + 3\sqrt{2}$.

- **p-q-Formel:** Sie kann nur benutzt werden, wenn $a = 1$ ist.

  Somit formt man die Gleichung $-\frac{1}{2}x^2 - 2x + 7 = 0$ um zu $x^2 + 4x - 14 = 0$.

  Einsetzen von $p = 4$ und $q = -14$ in $x_{1,2} = -\frac{p}{2} \pm \sqrt{\left(\frac{p}{2}\right)^2 - q}$ ergibt:

  $$x_{1,2} = -\frac{4}{2} \pm \sqrt{\left(\frac{4}{2}\right)^2 - (-14)} = -2 \pm \sqrt{4 + 14} = -2 \pm 3\sqrt{2}$$

  $x_1 = -2 - 3\sqrt{2}$; $x_2 = -2 + 3\sqrt{2}$.

Biquadratische Gleichungen

- Eine Gleichung der Form
  $$ax^4 + bx^2 + c = 0 \quad (a \neq 0)$$
  heißt biquadratische Gleichung.

- Eine biquadratische Gleichung hat 4, 2 oder keine Lösung.

- Lösen einer biquadratischen Gleichung:
  - Substitution: Ersetze das Quadrat der Variablen durch eine neue Variable.
  - Löse die entstehende quadratische Gleichung.
  - Rück-Substitution: Ersetze die neue Variable wieder durch das Quadrat der alten Variablen.
  - Gib eine Lösungsmenge an.

- **Beispiel:**
  $x^4 - 13x^2 + 36 = 0$
  - Substitution: $x^2 = u$; $x^4 = u^2$
  - $u^2 - 13u + 36 = 0$
    Lösen mittels Mitternachts- bzw. p-q-Formel ergibt:
    $u_1 = 4$; $u_2 = 9$
  - Rücksubstitution: $x^2 = 4$ oder $x^2 = 9$
  - Lösungsmenge: $L = \{-3; -2; 2; 3\}$

Potenzgleichungen

- Gleichungen der Form

  $x^n = a \quad (n \in \mathbb{N} \setminus \{0;1\};\ a \in \mathbb{R})$

  heißen Potenzgleichungen.

- Für die **Lösung einer Potenzgleichung** muss man zwischen geradem n und ungeradem n unterscheiden. Es gilt:
  - n gerade und $a > 0$: Die Gleichung hat zwei Lösungen $x_1 = \sqrt[n]{a}$ oder $x_2 = -\sqrt[n]{a}$.
  - n gerade und $a = 0$: Die Gleichung hat eine Lösung $x = 0$.
  - n gerade und $a < 0$: Die Gleichung hat keine Lösung.
  - n ungerade und $a > 0$: Die Gleichung hat eine Lösung $x = \sqrt[n]{a}$.
  - n ungerade und $a = 0$: Die Gleichung hat eine Lösung $x = 0$.
  - n ungerade und $a < 0$: Die Gleichung hat eine Lösung $x = -\sqrt[n]{|a|}$.

- **Beispiel:**

  $(1-3x)^4 = 625 \quad |\ \sqrt[4]{\ }$

  $1 - 3x = \pm 5$

  1. Fall:

  $1 - 3x = 5 \quad |-1$

  $-3x = 4 \quad |:(-3)$

  $x = -\frac{4}{3}$

  2. Fall:

  $1 - 3x = -5 \quad |-1$

  $-3x = -6 \quad |:(-3)$

  $x = 2$

  Lösungsmenge: $L = \left\{-\frac{4}{3}; 2\right\}$

Wurzelgleichungen

- Gleichungen der Form

$$\sqrt[n]{x} = a \quad (n \in \mathbb{N} \setminus \{0;1\})$$

heißen Wurzelgleichungen.

- Für die **Lösungen einer Wurzelgleichung** gilt:
  - Für $a < 0$ hat die Wurzelgleichung keine Lösung, da dann beide Seiten verschiedene Vorzeichen haben.
  - Für $a > 0$ oder $a = 0$ führt Potenzieren zur äquivalenten Gleichung $x = a^n$. Die Wurzelgleichung hat dann die Lösung $x = a^n$.

- **Beispiel:**

$$\begin{aligned} \sqrt{2x+1} &= 17 && \mid \uparrow^2 \\ 2x+1 &= 289 && \mid -1 \\ 2x &= 288 && \mid :(-2) \\ x &= 144 \end{aligned}$$

Probe:

$$\begin{aligned} \sqrt{2 \cdot 144 + 1} &= 17 \\ \sqrt{289} &= 17 \\ 17 &= 17 \end{aligned}$$

Hinweis:
Da das Quadrieren beider Seiten einer Gleichung keine Äquivalenzumformung ist, muss man eine Probe machen.

Bruchgleichungen

- Unter einer Bruchgleichung versteht man eine Gleichung, bei der eine Variable im Nenner vorkommt, ohne dass man sie kürzen kann.

- Eine Bruchgleichung hat die Form:

$$\frac{p(x)}{q(x)} = 0 \quad (q(x) \neq 0).$$

- Bei einer Bruchgleichung muss man auf die **Definitionsmenge** achten. In dieser dürfen nur Werte vorkommen, für die der Nenner nicht den Wert null annimmt.

- **Lösen einer Bruchgleichung:**
  - Definitionsmenge bestimmen
  - Hauptnenner bestimmen und Brüche auf den Hauptnenner bringen
  - Beide Seiten mit dem Hauptnenner multiplizieren
  - Die neu entstandenen Brüche soweit wie möglich kürzen
  - Die neue Gleichung mit den bekannten Lösungsformeln lösen
  - Prüfen, ob die gefundene Lösung in der Definitionsmenge enthalten ist

- **Beispiel:**

$$\frac{x}{x+1} + \frac{4}{x-1} = \frac{x}{x-1}$$

Definitionsmenge: $D = \mathbb{R} \setminus \{-1; 1\}$
Hauptnenner bestimmen: $(x+1) \cdot (x-1)$

$$\frac{x(x-1)}{(x+1)\cdot(x-1)} + \frac{4(x+1)}{(x+1)\cdot(x-1)} = \frac{x(x+1)}{(x+1)\cdot(x-1)} \quad | \cdot (x+1)\cdot(x-1)$$

$$x(x-1) + 4(x+1) = x(x+1)$$

$$x^2 - x + 4x + 4 = x^2 + x \quad | -x^2 - x$$

$$2x + 4 = 0$$

$$x = -2$$

Die Lösung liegt innerhalb der Definitionsmenge.
Die Lösungsmenge lautet: $L = \{-2\}$.

Ganzrationale Gleichungen – Satz vom Nullprodukt

- Eine Gleichung der Form
  $$a_n x^n + a_{n-1}x^{n-1} + \ldots + a_1x^1 + a_0 = 0$$
  nennt man eine Gleichung n-ten Grades. Der Exponent n gibt dabei den **Grad der Gleichung** an.

- Zu den ganzrationalen Gleichungen zählen die quadratischen Gleichungen, die man mittels Mitternachtsformel oder p-q-Formel lösen kann, sowie die biquadratischen Gleichungen, die man mittels Substitution lösen kann.

- Ist x_1 Lösung einer Gleichung vom Grad n, so lässt sich die Gleichung in folgender Form darstellen:

  $$a_n x^n + a_{n-1}x^{n-1} + \ldots + a_1x^1 + a_0 = (a_{n-1}x^{n-1} + \ldots + a_1x^1 + a_0)\cdot(x - x_1).$$

  Kennt man weitere Lösungen der Gleichung, so kann man die Gleichung auch folgendermaßen darstellen:

  $$a_n x^n + a_{n-1}x^{n-1} + \ldots + a_1x^1 + a_0 = (x - x_1)\cdot(x - x_2)\cdot\ldots\cdot(x - x_n).$$

  Hat die Gleichung diese Form, so kann man sie mithilfe des Satzes vom Nullprodukt lösen.

- **Satz vom Nullprodukt:**
  Ein Produkt aus zwei Faktoren ist genau dann Null, wenn mindestens einer der beiden Faktoren Null ist.
  $a\cdot b = 0$, wenn $a = 0$ oder $b = 0$.

- **Beispiel:**
  $x^3 - 4x^2 + 4x = 0$
  $x(x^2 - 4x + 4) = 0$
  $x\cdot(x - 2)^2 = 0$

  $x_1 = 0$ oder $x_2 = 2$

Ganzrationale Gleichungen – Polynomdivision

- Gleichungen dritten Grades besitzen höchstens drei Lösungen und können mittels Polynomdivision gelöst werden. Dazu bestimmt man eine Lösung der Gleichung durch Probieren und dividiert dann die Gleichung durch den Term (x-Lösung). Die so erhaltene quadratische Gleichung kann mit den bekannten Lösungsverfahren bestimmt werden.

- Mithilfe der **Polynomdivision** kann man ganzrationale Gleichungen auf Gleichungen zurückführen, die man mittels der bekannten Lösungsformeln, wie z. B. Mitternachtsformel oder Satz vom Nullprodukt lösen kann.

- **Beispiel:**
  Löse die Gleichung $x^3 - 3x^2 + \frac{5}{4}x + \frac{3}{2} = 0$.
  Eine Lösung ist $x = 2$.

  Polynomdivision:

$$\left(x^3 - 3x^2 + \frac{5}{4}x + \frac{3}{2}\right) : (x-2) = x^2 - x - \frac{3}{4}$$

$$\underline{-(x^3 - 2x^2)}$$

$$-x^2 + \frac{5}{4}x$$

$$\underline{-(x^2 + 2x)}$$

$$-\frac{3}{4}x + \frac{3}{2}$$

$$\underline{-\left(-\frac{3}{4}x + \frac{3}{2}\right)}$$

$$0$$

  Die übrig gebliebene quadratische Gleichung kann mit der Mitternachtsformel oder der p-q-Formel gelöst werden. Sie hat die Lösungen

  $x_1 = \frac{3}{2}$ oder $x_2 = -\frac{1}{2}$.

  Somit hat die Gleichung dritten Grades die Lösungsmenge: $L = \left\{-\frac{1}{2}; \frac{3}{2}; 2\right\}$.

Exponentialgleichungen

- Eine Exponentialgleichung ist eine Gleichung, bei der die Variable im Exponenten steht:

  $a^x = b \quad (b > 0).$

- Zum **Lösen** sind die Potenzgesetze und die Logarithmengesetze hilfreich.

- Um Exponentialgleichungen zu lösen, gibt es verschiedene Strategien.

- **Lösen durch Exponentenvergleich:**
  Links und rechts vom Gleichheitszeichen steht nur eine Potenz mit der gleichen Basis.

  Beispiel:

  $2^x \cdot 3^{x+1} = 108$

  $2^x \cdot 3^x \cdot 3 = 108 \quad | : 3$

  $6^x = 36$

  Da $36 = 6^2$ folgt $x = 2$.

- **Lösen durch Logarithmieren:**
  Man wendet den Logarithmus an, um die Gleichung ohne Exponenten zu schreiben.

  Beispiel:

  $$5^{2x} = 7^{x+1} \quad | \lg$$

  $$\lg(5^{2x}) = \lg(7^{x+1})$$

  $$2x \cdot \lg(5) = (x+1) \cdot \lg(7)$$

  $$2x \cdot \lg(5) = x \cdot \lg(7) + 1 \cdot \lg(7) \quad | -x \cdot \lg(7)$$

  $$x(2 \cdot \lg(5) - \log(7)) = \lg(7)$$

  $$x = \frac{\lg(7)}{2 \cdot \lg(5) - \log(7)}$$

- **Lösen durch Substitution:**
  Ersetzt man die Basis mit der Variablen durch eine neue Variable, so erhält man eine Potenzgleichung.

Exponentialgleichungen zur Basis e

- Eine Gleichung der Form
  $$e^x = b \quad (b > 0)$$
  heißt Exponentialgleichung.
  Die Lösung x der Exponentialgleichung ist der natürliche Logarithmus von b.
  Man schreibt: $x = \ln(b)$.

- Es gilt: $e^{\ln(b)} = b$ und $\ln(e^b) = b$.

- **Lösen durch Exponentenvergleich:**
  - Links und rechts vom Gleichheitszeichen steht nur eine Potenz mit der gleichen Basis.
  - **Beispiel:** $e^{2x+1} = e^{x-3}$
    Vergleich der Exponenten ergibt: $2x + 1 = x - 3$ und damit $x = -4$.

- **Lösen durch Logarithmieren:**
  - Man wendet den Logarithmus an, um die Gleichung ohne Exponenten zu schreiben.
  - **Beispiel:** $e^{2x-3} = 6 \quad | \ln$
    $$2x - 3 = \ln(6)$$
    $$x = \frac{\ln(6) + 3}{2}$$

- **Lösen durch Substitution:**
  - Ersetzt man die Basis mit der Variablen durch eine neue Variable, so erhält man eine Potenzgleichung.
  - **Beispiel:** $e^{2x} - 6e^x + 8 = 0$
    Substitution $e^x = u$ ergibt: $u^2 - 6u + 8 = 0$.
    Mittels der Mitternachtsformel ergibt sich: $u_1 = 4$; $u_2 = 2$.
    Rücksubstitution ergibt: $x_1 = \ln(4)$; $x_2 = \ln(2)$.

Potenzgesetze und Logarithmengesetze

- Die Potenzgesetze und Logarithmengesetze sind hilfreich, um Exponentialgleichungen zu lösen.

- **Potenzgesetze:**
  Für $a, b \in \mathbb{R}$; $m, n \in \mathbb{N} \setminus \{0\}$ gilt:
  - $a^n \cdot b^n = (a \cdot b)^n$
  - $a^n : b^n = \frac{a^n}{b^n} = \left(\frac{a}{b}\right)^n$ $\qquad (b \neq 0)$
  - $a^n \cdot a^m = a^{n+m}$
  - $a^n : a^m = \frac{a^n}{a^m} = a^{n-m}$ $\qquad (a \neq 0)$
  - $(a^n)^m = (a^m)^n = a^{n \cdot m}$
  - $a^0 = 1;\ a^{-n} = \frac{1}{a^n}$ $\qquad (a \neq 0)$

- **Logarithmengesetze:**
  Für $b > 0$; $b \neq 1$; $x, y > 0$ gilt:
  - $\log(x \cdot y) = \log x + \log y$
  - $\log\left(\frac{x}{y}\right) = \log x - \log y$
  - $\log x^a = a \cdot \log x$ $\qquad (a \in \mathbb{R})$
  - $\log \sqrt[n]{x} = \frac{1}{n} \cdot \log x$ $\qquad (n \in \mathbb{N})$

Trigonometrische Gleichungen

- Um trigonometrische Gleichungen zu lösen, führt man diese auf die Form
  $\sin(x) = c \qquad (-1 \leqq c \leqq 1)$
  $\sin(ax) = c$
  $\sin(ax + b) = c$
  zurück. Entsprechend verfährt man mit cos und tan.

- Diese **Umformungen** kann man durch Folgendes erreichen:
  - Ausklammern und Anwenden des Satzes vom Nullprodukt
  - Lösen einer quadratischen Gleichung nach erfolgter Substitution
  - Verwendung einer trigonometrischen Beziehung

- **Trigonometrische Beziehungen**

  $\sin^2(x) + \cos^2(x) = 1 \qquad \tan(x) = \frac{\sin(x)}{\cos(x)}$

  $\sin(2x) = 2\sin(x)\cos(x) \qquad \cos(2x) = \cos^2(x) - \sin^2(x) = 1 - 2 \cdot \sin^2(x)$

- Es ist sinnvoll den Verlauf und die wichtigsten Punkte des Graphen zu kennen.

- **Beispiel:**
  Löse die Gleichung für $x \in [0; 2\pi]$.

  $2\sin(x) - 4\sin^2(x) = 0$
  $2\sin(x) \cdot (1 - 2\sin(x)) = 0$
  $2\sin(x) = 0$ oder $1 - 2\sin(x) = 0$

  $\sin(x) = 0$ für $x_1 = 0;\ x_2 = \pi;\ x_3 = 2\pi$

  $1 - 2\sin(x) = 0$ bzw. $\sin(x) = \frac{1}{2}$ für $x_4 = \frac{\pi}{6};\ x_5 = \frac{5}{6}\pi$

Integral

- Das Integral gibt den orientierten Flächeninhalt zwischen dem Graphen einer Funktion f und der x-Achse über einem Intervall [a ; b] an.

  Man schreibt: $\int_a^b f(x)\,dx$.

  a und b sind die **Grenzen** des Integrals.

- **Orientierter Flächeninhalt** heißt, dass die Inhalte von Flächen oberhalb der x-Achse ein positives Vorzeichen und Flächen unterhalb der x-Achse ein negatives Vorzeichen besitzen.

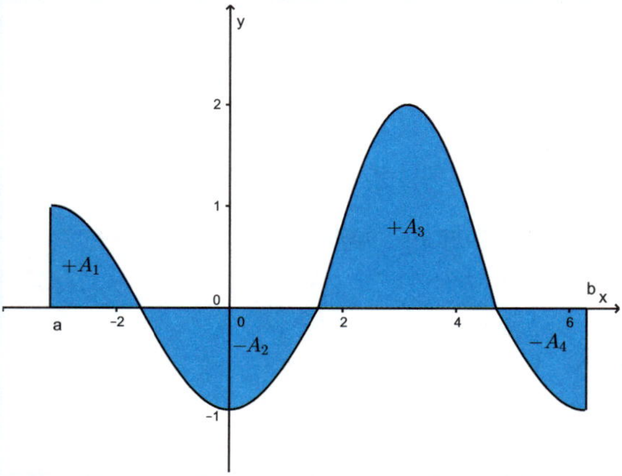

$$\int_a^b f(x)\,dx = A_1 - A_2 + A_3 - A_4$$

Sind die Flächen oberhalb und unterhalb der x-Achse gleich groß, so hat der orientierte Flächeninhalt, also das Integral, den Wert null.

Bestimmung des Integrals

- Für das Integral gelten folgende **Regeln**:

$$\int_a^a f(x)\,dx = 0 \qquad \int_a^b f(x)\,dx = -\int_b^a f(x)\,dx$$

$$\int_a^b r\cdot f(x)\,dx = r\cdot\int_a^b f(x)\,dx \qquad \int_a^b f(x)\,dx + \int_b^c f(x)\,dx = \int_a^c f(x)\,dx$$

$$\int_a^b (f(x)+g(x))\,dx = \int_a^b f(x)\,dx + \int_a^b g(x)\,dx$$

- Das Integral berechnet sich mithilfe des **Hauptsatzes der Differenzial- und Integralrechnung:**
  Für eine stetige Funktion f auf dem Intervall [a ; b] gilt:
  $$\int_a^b f(x)\,dx = [F(x)]_a^b = F(b) - F(a),$$
  wobei F eine beliebige Stammfunktion von f auf dem Intervall ist.

- Eine Funktion F heißt **Stammfunktion** der Funktion f auf einem Intervall [a ; b], wenn gilt:
  $F'(x) = f(x)$.

- Ist F eine Stammfunktion von f, dann ist auch G mit $G(x) = F(x) + c$ eine Stammfunktion von f.

- **Beispiel:**
  Zeige, dass $F(x) = x^4 + 3x^3 + 6x^2 + 1$ eine Stammfunktion von $f(x) = 4x^3 + 9x^2 + 12x$ ist.
  Damit F(x) eine Stammfunktion von f(x) ist, muss gelten: $F'(x) = f(x)$
  $F'(x) = 4\cdot x^3 + 3\cdot 3x^2 + 6\cdot 2x = 4x^3 + 9x^2 + 12x = f(x)$

  Somit ist F(x) eine Stammfunktion von f(x).

Bestimmung von Stammfunktionen

- Hat man eine Stammfunktion F von f gefunden, so kann man sofort unendlich viele angeben. Man braucht nur eine Zahl hinzuaddieren und erhält wieder eine Stammfunktion von f. Der Prozess des Auffindens der Stammfunktion ist also im Gegensatz zum Ableiten nicht eindeutig bestimmt.

- **Regeln zur Bestimmung von Stammfunktionen:**
  - Konstante Funktion $f(x) = a$: $F(x) = ax + c$
  - Potenzfunktion $f(x) = x^z$: $F(x) = \frac{1}{z+1}x^{z+1} + c$ (z ist eine rationale Zahl; $z \neq -1$)

    Beispiel:

    $f(x) = x^5$ $F(x) = \frac{1}{5+1}x^{5+1} = \frac{1}{6}x^6$
  - Für $f(x) = u(x) + v(x)$ gilt: $F(x) = U(x) + V(x) + c.$
  - Für $f(x) = k \cdot u(x)$ gilt: $F(x) = k \cdot U(x) + c.$
  - Für $f(x) = u(rx + s)$ gilt: $F(x) = \frac{1}{r} \cdot U(rx + s) + c.$

- **Beispiel:**

  $f(x) = (2x + 1)^3$

  $F(x) = \frac{1}{2} \cdot \left(\frac{1}{4}(2x + 1)^4\right) = \frac{1}{8}(2x + 1)^4$

  oder

  $F(x) = \frac{1}{8}(2x + 1)^4 + 5$

Flächeninhalt zwischen dem Graphen von f und der x-Achse

- Berechnet man die Fläche zwischen dem Graphen einer Funktion f und der x-Achse, so muss man darauf achten, ob die Teilflächen oberhalb oder unterhalb der x-Achse liegen.

- Flächeninhalte sind immer positiv. Integrale, die den orientierten Flächeninhalt bestimmen, können auch negativ sein.

- Für die **Inhalte einer Fläche** gilt:

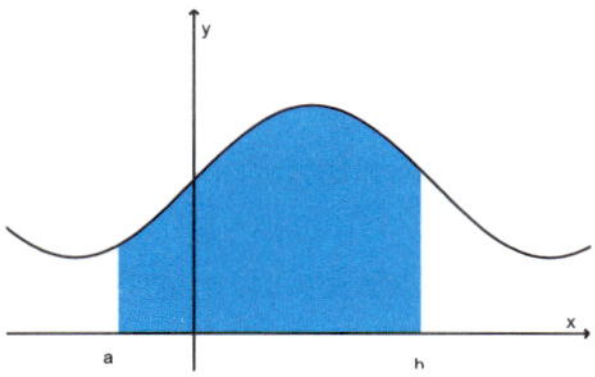

$$A = \int_a^b f(x)\,dx$$

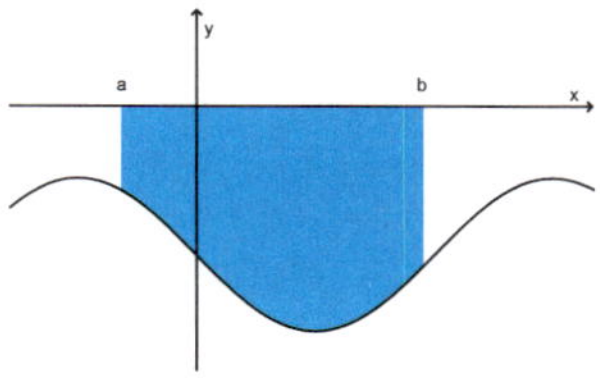

$$A = -\int_a^b f(x)\,dx = \left|\int_a^b f(x)\,dx\right|$$

Liegt ein Teil der Fläche oberhalb und ein Teil unterhalb der x-Achse, so muss die gesamte Fläche mit zwei Integralen berechnet werden. Dazu muss die Nullstelle der Funktion, die im Intervall liegt, berechnet werden.

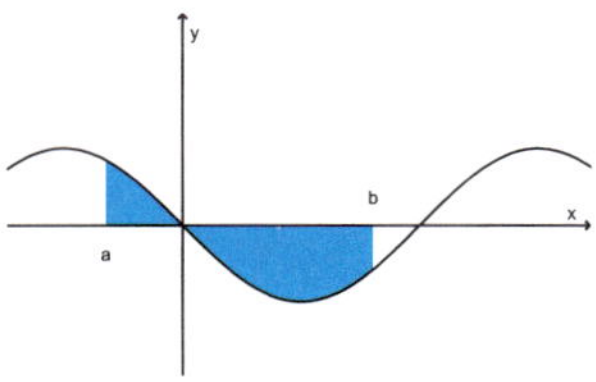

$$A = \int_a^s f(x)\,dx = \left|\int_s^b f(x)\,dx\right|$$

- **Vorgehensweise zur Berechnung des Flächeninhalts:**
  - Bestimmung der Nullstellen von f auf dem Intervall [a ; b]
  - Untersuchung der Vorzeichen der Teilflächen
  - Bestimme die Inhalte der Teilflächen und addiere sie.

Flächeninhalt zwischen zwei Graphen f und g

- Für die Inhalte der Fläche, die von den Graphen zweier Funktionen f und g eingeschlossen wird, gilt für $f(x) \geqq g(x)$:

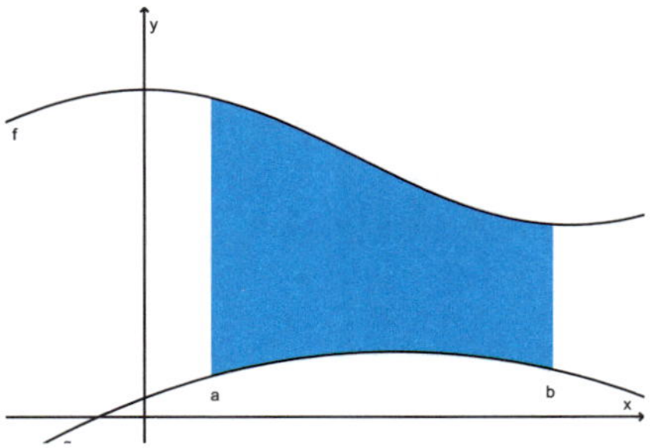

$$A = \int_a^b f(x)\,dx - \int_a^b g(x)\,dx$$
$$= \int_a^b (f(x) - g(x))\,dx$$
$$= F(b) - F(a) - (G(b) - G(a))$$

Hierbei ist es egal, ob Teile der Fläche oberhalb bzw. unterhalb der x-Achse liegen.
Es ist jedoch zu klären, welche Kurve in welchen Bereichen oberhalb der anderen Kurve liegt.

- Schneiden sich die beiden Graphen im Intervall, in dem die Fläche berechnet werden soll, so ist teilweise $f(x) \geqq g(x)$ und teilweise $g(x) \geqq f(x)$.

- Für den Inhalt der Fläche gilt dann:

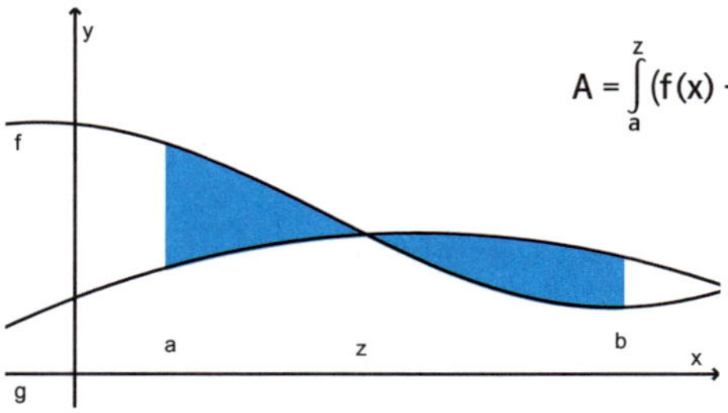

$$A = \int_a^z (f(x) - g(x))\,dx + \int_z^b (g(x) - f(x))\,dx.$$

- Bei der Bestimmung einer Fläche zwischen zwei Graphen ist es sinnvoll eine **Skizze** zu erstellen, um festzustellen, welcher der beiden Graphen oben liegt. Außerdem hilft es die Anzahl der **Schnittpunkte** der beiden Graphen im gesuchten Intervall zu bestimmen.

Integralfunktionen

- Zu jeder Zahl u in einem Intervall I, auf dem die Funktion stetig ist, nennt man die Funktion J_u für die gilt

  $$J_u(x) = \int_u^x (f(t)\,dt \quad (x \in I)$$

  Integralfunktion von f zur unteren Grenze u.

- Für die Integralfunktion gilt: $J'_u(x) = f(x)$.
  D. h. jede Integralfunktion ist eine Stammfunktion von f. Die Umkehrung gilt nicht.

- Eine Integralfunktion lässt sich wie ein unbestimmtes Integral berechnen, bei dem die untere Grenze einer festen Zahl und die obere Grenze einer Variablen x entspricht. Das Ergebnis ist somit keine Zahl, sondern eine von x abhängige Funktion.

- **Eigenschaften der Integralfunktion:**
  - Jede Integralfunktion ist eine Stammfunktion.
  - $J_u(u) = \int_u^u f(t)\,dt = 0$
  - $\int_u^x f(t)\,dt$ ist die Summe der orientierten Flächeninhalte zwischen dem Graphen von f und der x-Achse im Intervall $[u\,;x]$.
  - Jede Integralfunktion hat an der Stelle $x = u$ eine Nullstelle. Somit besitzt jede Integralfunktion eine Nullstelle. Deshalb sind nur Stammfunktionen, die mindestens eine Nullstelle besitzen, auch Integralfunktionen. Stammfunktionen ohne Nullstellen sind keine Integralfunktionen.

- **Beispiel:**

  $$\int_{-2}^x \left(\frac{1}{2}t^2 + 3\right)dt = \left[\frac{1}{6}t^3 + 3t\right]_{-2}^x = \frac{1}{6}x^3 + 3x - \left(\frac{1}{6}\cdot(-2)^3 + 3\cdot(-2)\right) = \frac{1}{6}x^3 + 3x + \frac{22}{3}$$

Uneigentliche Integrale – nach rechts oder links unbegrenzte Fläche

- Ist eine Fläche nach rechts oder links unbegrenzt, so ist eine **Intervallgrenze** nicht definiert.

- Ist eine Fläche nach rechts oder links unbegrenzt, so führt man das Problem auf die Untersuchung eines Integrals mit einer variablen und einer festen Grenze zurück, z. B.
$\int_1^z f(x)\,dx$ oder $\int_z^5 f(x)\,dx$.

- Anschließend untersucht man den Grenzwert für $z \to \pm\infty$ oder, falls f eine Definitionslücke an der Stelle $x = c$ aufweist, für $z \to c$.

- Der Flächeninhalt einer nach rechts oder links unbegrenzten Funktion muss nicht unbedingt unendlich groß sein.

- **Beispiel:**

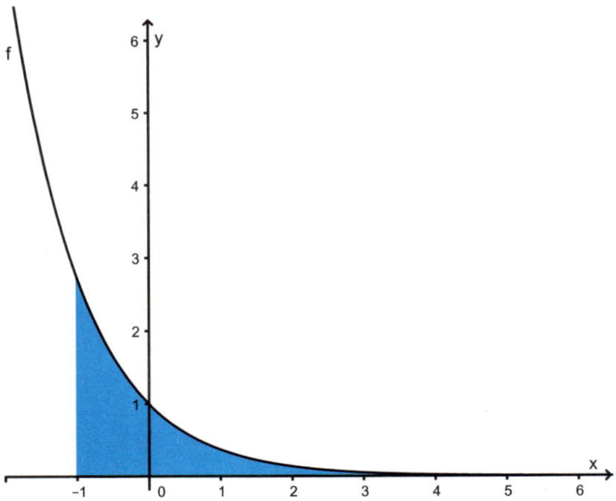

$\int_{-1}^{\infty} (e^{-x})\,dx$

$A(z) = \int_{-1}^{z} (e^{-x})\,dx = [-e^{-x}]_{-1}^{z} = -e^{-z} + e^{1}$

Da $e^{-z} \to 0$ für $z \to \infty$, hat die unbegrenzte Fläche den Flächeninhalt $A = e$.

Uneigentliche Integrale – nach oben oder unten unbegrenzte Fläche

- Eine Fläche kann auch nach oben oder unten unbegrenzt sein.
- **Beispiel:**
  Gesucht ist der Inhalt der Fläche, die von der Funktion $f(x) = \frac{2}{\sqrt{x}}$, der x-Achse, der y-Achse und der Geraden durch $x = 3$ begrenzt wird.

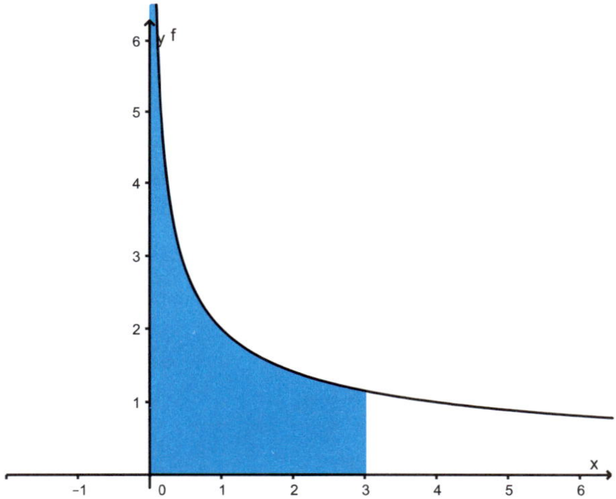

- Da die gesuchte Fläche nach oben unbegrenzt ist, führt man eine variable Grenze z ein.
  Es folgt:
  $A(z) = \int_z^3 \left(\frac{2}{\sqrt{x}}\right) dx = \left[4\sqrt{x}\right]_z^3 = 4\sqrt{3} - 4\sqrt{z}$.
- Für $z \to 0$ gilt:
  $4\sqrt{3} - 4\sqrt{z} \to 4\sqrt{3}$.

  Damit hat die unbegrenzte Fläche den Flächeninhalt:
  $A = 4\sqrt{3}$.

Mittelwerte von Funktionen

- Den Mittelwert einer Zahlenfolge bestimmt man, indem man die einzelnen Zahlen z_1 bis z_n addiert und durch die Anzahl n der Zahlen dividiert:

$$\overline{m} = \frac{z_1 + z_2 + \ldots + z_n}{n}.$$

Da es bei Funktionen in einem Intervall I unendliche viele Werte gibt, berechnet man den Mittelwert einer Funktion f mithilfe des Integrals.

- Der Mittelwert einer Funktion f berechnet sich im Intervall $I = [a; b]$ nach der Formel:

$$\overline{m} = \frac{1}{b-a} \int_a^b f(x)\,dx.$$

- Handelt es sich bei $\overline{m}$ um dem Mittelwert der Funktionswerte der Funktion f im Intervall $I = [a; b]$, so sind die Flächeninhalte die vom Graphen von f und der Geraden $y = \overline{m}$ eingeschlossen werden, oberhalb und unterhalb dieser Geraden gleich groß.

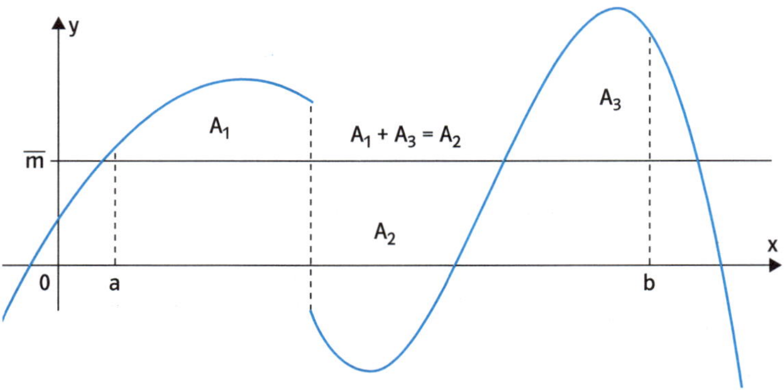

- **Beispiel:**
Bestimme den Mittelwert der Funktion $f(x) = -x^2 + 4x$ im Intervall $I = [0,4]$.

$$\overline{m} = \frac{1}{4-0} \int_0^4 (-x^2 + 4x)\,dx = \frac{1}{4} \cdot \left[-\frac{1}{3}x^3 + 2x^2\right]_0^4 = \frac{1}{4} \cdot \left(\left(-\frac{64}{3} + 32\right) - 0\right) = \frac{8}{3}$$

Rauminhalte von Rotationskörpern

- Mithilfe des Integrals können auch Rauminhalte von Rotationskörpern berechnet werden.

- Der Graph von f schließt mit der x-Achse und den Geraden mit den Gleichungen $x = a$ und $x = b$ eine Fläche ein. Rotiert diese Fläche um die x-Achse, entsteht ein Drehkörper oder Rotationskörper.
  Für sein Volumen gilt:

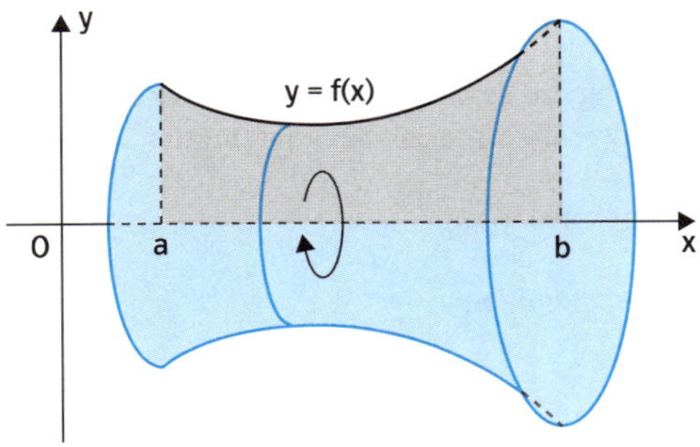

$$V = \pi \cdot \int_a^b (f(x))^2\,dx.$$

- **Spezialfälle:**
  - Ist die Funktion f eine konstante Funktion $f(x) = a$, so entsteht bei der Rotation um die x-Achse ein **Zylinder**.
  - Ist die Funktion f eine Ursprungsgerade $f(x) = mx$, so entsteht ein **Kegel**.
  - Ist die Funktion f ein Halbkreis $f(x) = \sqrt{r^2 - x^2}$, so entsteht eine **Kugel**.

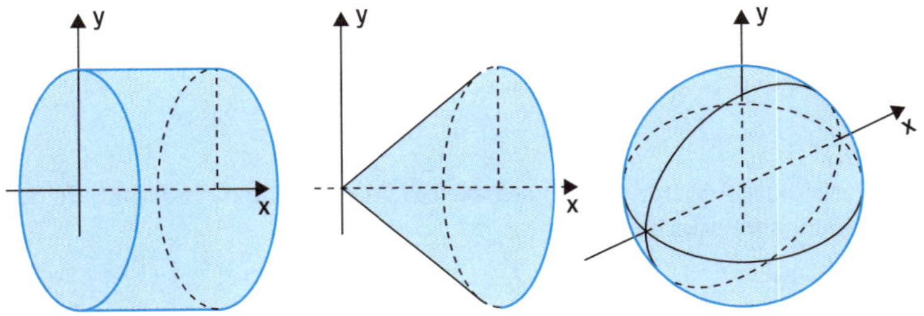

Lineares Wachstum

- Um einen linearen Wachstumsvorgang zu beschreiben, benutzt man eine lineare Funktion.
  Hierbei handelt es sich meistens um ein Modell, das die Wirklichkeit nur näherungsweise beschreibt.

- Für das lineare Modell gilt:
  $$f(x) = m \cdot x + n \quad \text{oder} \quad f(x) = m \cdot x + f(0),$$
  wobei m die Wachstumsrate (Steigung) und n den Anfangswert zum Zeitpunkt $x = 0$ beschreibt.

- m heißt auch absolute Änderung pro Zeitschritt oder **Wachstumsgeschwindigkeit**. D.h. der Bestand ändert sich in gleichen Zeitabschnitten um den gleichen Summanden.
  m ist beim linearen Wachstum konstant.

- Graph einer linearen Wachstumsfunktion:

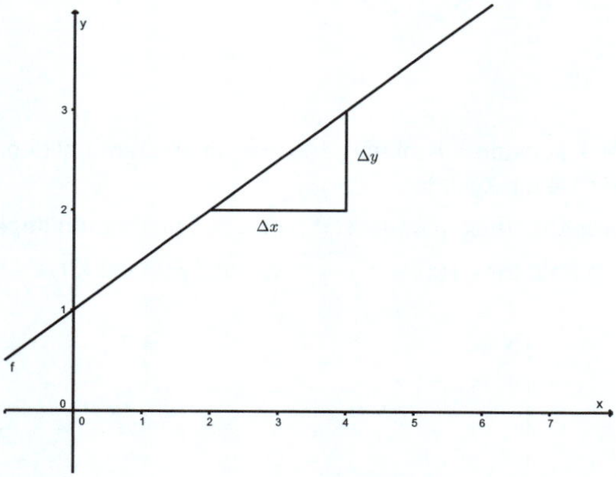

Die absolute Änderungsrate wird wie bei linearen Funktionen mithilfe des Steigungsdreiecks bestimmt.

Es gilt: $m = \frac{\Delta y}{\Delta x}$.

Exponentielles Wachstum

- Um einen exponentiellen Wachstumsvorgang zu beschreiben, benutzt man eine **Exponentialfunktion**.
  Hierbei handelt es sich meistens um ein Modell, das die Wirklichkeit nur näherungsweise beschreibt.

- Für das exponentielle Modell gilt:
  $$f(x) = c \cdot a^x \quad \text{oder} \quad f(x) = f(0) \cdot a^x,$$
  wobei a den **Wachstumsfaktor** und c den Anfangswert zum Zeitpunkt $x = 0$ beschreibt.

- Der Wachstumsfaktor a ergibt sich aus der prozentualen Änderung p $(p > 0)$ pro Zeitschritt.
  Beträgt $a = 1{,}1$, so bedeutet dies eine prozentuale Zunahme von 10 % pro Zeitschritt.
  Beträgt $a = 0{,}9$, so bedeutet dies eine prozentuale Abnahme von 10 % pro Zeitschritt.
  - Exponentielles Wachstum: $a = 1 + p > 1$
  - Exponentieller Zerfall: $a = 1 - p < 1$

- Da die **Wachstumsgeschwindigkeit** zu einem bestimmten Zeitpunkt x die Ableitung an dieser Stelle ist, ist es vorteilhaft den Wachstumsprozess mithilfe der e-Funktion zu beschreiben.

- Exponentielles Wachstum mittels e-Funktion:
  $$f(x) = c \cdot e^{kx} \quad \text{oder} \quad f(x) = f(0) \cdot e^{kx},$$
  wobei $k = \ln(a)$ die Wachstumskonstante ist.
  Für $k > 0$ liegt ein exponentielles Wachstum, für $k < 0$ ein exponentieller Zerfall vor.

  Die Zeit, in der sich der Anfangsbestand verdoppelt bzw. halbiert, nennt man Verdopplungszeit T_V bzw. Halbwertszeit T_H.
  - Für die **Verdopplungszeit** gilt: $T_V = \frac{\ln 2}{k}$.
  - Für die **Halbwertszeit** gilt: $T_H = \frac{\ln\left(\frac{1}{2}\right)}{k} = -\frac{\ln 2}{k}$.

Beschränktes Wachstum

- Ein Wachstum ist beschränkt, wenn eine **Grenze** (Schranke) existiert, die nicht überschritten werden kann. Nähert sich der momentane Bestand $f(x)$ dieser Grenze S, umso kleiner ist der Zuwachs pro Zeitschritt. Die Differenz $S - f(x)$ wird immer kleiner und wird **Sättigungsmanko** genannt.

- Für das beschränkte Wachstum gilt
  $$f(x) = S - c \cdot a^x \quad \text{oder} \quad f(x) = S - c \cdot e^{-kx},$$
  wobei $0 < a < 1$, $c = S - f(0)$ und $k = -\ln(a)$.

- Das Wachstum kann nach oben oder unten beschränkt sein.

- **Beispiel:**
  Das Wachstum eines Bestandes wird durch folgende Gleichung beschrieben:
  $$f(x) = 50 - 50 \cdot e^{-0{,}25x} \quad (x \text{ in Tagen}).$$

  Der Gleichung entnimmt man für die Schranke $S = 50$ und für c entnimmt man $c = 50$. Aus $c = S - f(0)$ folgt mit den entsprechenden Werten: $50 = 50 - f(0)$ also $f(0) = 0$.

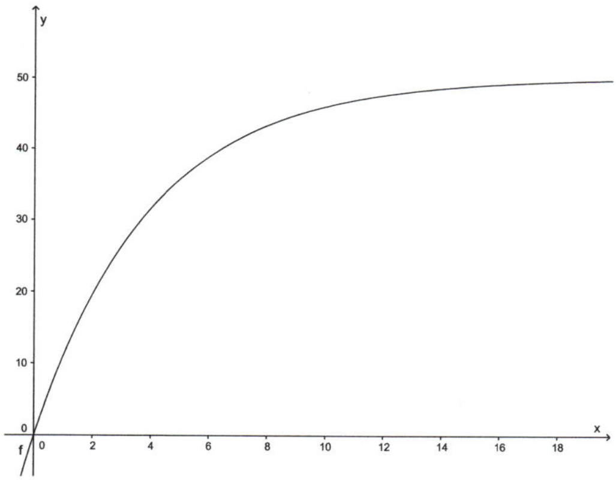

Mithilfe der Gleichung kann man auch den Bestand nach 10 Tagen bestimmen:
$f(10) = 50 - 50 \cdot e^{-0{,}25 \cdot 10} = 45{,}9$.
Für die **Wachstumsgeschwindigkeit** nach 10 Tagen gilt:
$f'(x) = 12{,}5 \cdot e^{-0{,}25x}$,
$f'(10) = 12{,}5 \cdot e^{-0{,}25 \cdot 10} = 1{,}03$.

Differenzialgleichungen bei Wachstum

- Eine Differenzialgleichung ist eine Gleichung, in der sowohl die **Funktion f** als auch ihre **Ableitung f′** vorkommt.

- Differenzialgleichungen beschreiben bei Wachstumsprozessen das Änderungsverhalten eines Bestandes zu einem Zeitpunkt x.

- Die Lösungen von Differenzialgleichungen sind Funktionen, keine Zahlen.

- **Exponentielles Wachstum:**
  - Die momentane Änderungsrate von f an einer Stelle x (Ableitung an einer Stelle x) ist proportional dem Funktionswert f(x).
  - Differenzialgleichung: $f'(x) = k \cdot f(x)$,
    wobei $k \neq 0$. Bei negativem k handelt es sich um einen exponentiellen Zerfall.
  - Lösung der Differenzialgleichung:
    $f(x) = c \cdot e^{kx}$ bzw. $f(x) = f(0) \cdot e^{kx}$

- **Beschränktes Wachstum:**
  - Die momentane Änderungsrate von f an einer Stelle x ist proportional zur Differenz von Schranke S und Funktionswert f(x).
  - Differenzialgleichung: $f'(x) = k \cdot (S - f(x))$
  - Lösung der Differenzialgleichung:
    $f(x) = S - c \cdot e^{-kx}$
    mit $c = S - f(0)$
  - Ist $c < 0$, so liegt Anfangsbestand oberhalb der Grenze. Es handelt sich in diesem Fall um einen beschränkten Zerfall.
    Für $c > 0$ ist S eine obere Schranke und es handelt sich um ein exponentielles Wachstum.

Logistisches Wachstum

- Ein logistisches Wachstum liegt vor, wenn die Änderungsrate $f'(x)$ des Bestandes $f(x)$ zu jedem Zeitpunkt x zum Produkt aus $f(x)$ und der Differenz $S - f(x)$ proportional ist.

- Für das logistische Wachstum gilt die Differenzialgleichung:
$$f'(x) = r \cdot f(x) \cdot (S - f(x)).$$

- Die Differenzialgleichung hat die Lösung:
$$f(x) = \frac{S}{1 + a \cdot e^{-kx}}$$
mit $k = r \cdot S$.

- Beim logistischen Wachstum wird das Wachstum zuerst näherungsweise durch ein exponentielles Wachstum und dann durch ein beschränktes Wachstum beschrieben.

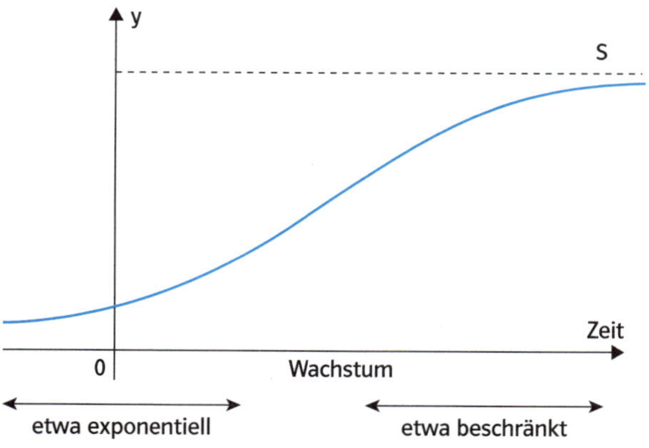

Beispiel eines logistischen Wachstums

- Das Wachstum des Schimmelpilzes an einer Kellerwand wird beschrieben durch die Funktion

  $$f(x) = \frac{10}{1 + 4 \cdot e^{-0,25x}} \quad \text{(x in Tagen; f(x) in dm}^2\text{).}$$

- Der Gleichung entnimmt man für die Schranke den Wert $S = 10$.

- Für den Anfangswert gilt: $f(0) = \frac{10}{1 + 4 \cdot e^{-0,25 \cdot 0}} = 2.$

- Will man wissen, wann mindestens 90 % der Kellerwand befallen sind, so ist der Zeitpunkt x gesucht, zu dem gilt: $f(x) > 9$.

  $$\frac{10}{1 + 4 \cdot e^{-0,25x}} > 9 \qquad | \cdot (1 + 4 \cdot e^{-0,25x})$$

  $$10 > 9 + 36 \cdot e^{-0,25x} \qquad | -9$$

  $$1 > 36 \cdot e^{-0,25x} \qquad | : 36$$

  $$\frac{1}{36} > e^{-0,25x} \qquad | \ln$$

  $$-\ln(36) > -0,25x \qquad | \cdot (-4)$$

  $$x > 14,33$$

  Somit sind nach mindestens 14 Tagen 90 % der Kellerwand befallen.

- Um die Wachstumsgeschwindigkeit nach 10 Tagen zu bestimmen, muss man die Funktion f(x) einmal ableiten.

  Es gilt:

  $$f'(x) = -\frac{10 \cdot e^{-0,25x}}{(1 + 4 \cdot e^{-0,25x})^2}.$$

  Setzt man $x = 10$ ein, so folgt:

  $$f'(10) = \frac{10 \cdot e^{-2,5}}{(1 + 4 \cdot e^{-2,5})^2} = 0,465.$$

  Der Schimmel wächst nach 10 Tagen um 0,465 dm² pro Tag.

Lineare Gleichungssysteme

- Ein lineares Gleichungssystem (LGS) besteht aus mehreren linearen Gleichungen, die alle die gleiche Lösung besitzen.

- Um ein LGS eindeutig zu lösen, braucht man mindestens so viele Gleichungen wie Unbekannte:

$$\begin{array}{ll} \text{I} & a_1x_1 + a_2x_2 + a_3x_3 = d \\ \text{II} & b_1x_1 + b_2x_2 + b_3x_3 = e \\ \text{III} & c_1x_1 + c_2x_2 + c_3x_3 = f \end{array}$$

- Die Gleichungen werden mit römischen Zahlen durchnummeriert und die Variablen passend untereinander geschrieben.

- Es gibt verschiedene Arten ein LGS zu lösen:
  - Einsetzungsverfahren
  - Gleichsetzungsverfahren
  - Additionsverfahren
  - Gauß-Verfahren

- Die ersten drei Verfahren sind für LGS mit zwei Gleichungen und zwei Variablen geeignet. Das **Gauß-Verfahren** beruht auf dem **Additionsverfahren** und ist für LGS mit mehreren Variablen geeignet.

- Ein LGS kann auch in Form einer **Matrix** dargestellt werden:
  Dabei werden nur die Koeffizienten und die Konstanten in die Matrix übertragen. Die Konstanten stehen dabei rechts und werden von den Koeffizienten durch einen Strich abgetrennt.

LGS

$$\begin{array}{ll} \text{I} & a_1x_1 + a_2x_2 + a_3x_3 = d \\ \text{II} & b_1x_1 + b_2x_2 + b_3x_3 = e \\ \text{III} & c_1x_1 + c_2x_2 + c_3x_3 = f \end{array}$$

Matrix

$$\left(\begin{array}{ccc|c} a_1 & a_2 & a_3 & d \\ b_1 & b_2 & b_3 & e \\ c_1 & c_2 & c_3 & f \end{array}\right)$$

Einsetzungsverfahren

- Bei diesem Verfahren wird eine der beiden Gleichungen nach einer Variablen aufgelöst und in die andere Gleichung eingesetzt. Dadurch erhält man eine Gleichung mit nur einer Variablen.
  Diese Gleichung löst man nun nach der Variablen auf.
  Die zweite Variable erhält man, indem man die berechnete Variable in die nach der ersten Variablen aufgelöste Gleichung einsetzt.

- **Beispiel:**
  $7x + 5y = 3 \quad \text{I}$
  $2x - 2y = 1 \quad \text{II}$

  Auflösen der ersten Gleichung nach x:
  $7x + 5y = 3 \quad | -5y$
  $7x = 3 - 5y \quad | :7$
  $x = \frac{3}{7} - \frac{5}{7}y$

  Einsetzen in Gleichung II:
  $2\left(\frac{3}{7} - \frac{5}{7}y\right) - 2y = 1$
  $\frac{6}{7} - \frac{10}{7}y - 2y = 1$
  $\frac{6}{7} - \frac{24}{7}y = 1 \quad | -\frac{6}{7}$
  $-\frac{24}{7}y = \frac{1}{7} \quad | \cdot\left(-\frac{7}{24}\right)$
  $y = -\frac{1}{24}$

  Dies setzt man nun in die nach x aufgelöste Gleichung ein:
  $x = \frac{3}{7} - \frac{5}{7}\cdot\left(-\frac{1}{24}\right)$
  $x = \frac{11}{24}$

  Lösungsmenge: $L = \left\{\frac{11}{24}; -\frac{1}{24}\right\}$

Gleichsetzungsverfahren

- Bei diesem Verfahren löst man beide Gleichungen nach der gleichen Variablen auf. Dann setzt man diese beiden neuen Gleichungen gleich und löst sie nach der übrig gebliebenen Variablen auf.
  Die auf diese Weise bestimmte Variable wird in eine der Ursprungsgleichungen eingesetzt und so kann die zweite Variable bestimmt werden.

- **Beispiel:**

  $x - y = 6 \quad \text{I}$

  $\frac{2}{3}x - y = 1 \quad \text{II}$

  Auflösen der beiden Gleichungen nach y:

  $y = x - 6 \quad \text{I}$

  $y = \frac{2}{3}x - 1 \quad \text{II}$

  Gleichsetzen der beiden Gleichungen und nach der übrig gebliebenen Variablen auflösen:

  $x - 6 = \frac{2}{3}x - 1 \quad | -\frac{2}{3}x + 6$

  $\frac{1}{3}x = 5 \quad | \cdot 3$

  $x = 15$

  Diesen Wert setzt man nun in eine der beiden Ausgangsgleichungen ein. Hier in Gleichung I. Damit ergibt sich:

  $15 - y = 6 \quad | -15$

  $-y = -9 \quad | : (-1)$

  $y = 9$

  Lösungsmenge: $L = \{15; 9\}$

Additionsverfahren

- Bei diesem Verfahren multipliziert und dividiert man eine der beiden Gleichungen mit einer Zahl ungleich null, sodass bei Addition der Gleichungen eine der Variablen wegfällt.
  Danach löst man die Gleichung mit nur einer Variablen nach dieser Variablen auf und setzt den Wert in die ursprüngliche Gleichung ein.
  Anschließend löst man nach der anderen Variablen auf.

- Beispiel:

$$\begin{array}{rl} 6x + 7y = 23 & \text{I} \\ 10x + 14y = 36 & \text{II} \\ \hline 6x + 7y = 23 & \text{I} \\ 2x = 10 & \text{IIa} = 2\,\text{I} - \text{II} \end{array}$$

  Aus Gleichung II a folgt: $x = 5$.

  Diesen Wert setzt man nun in Gleichung I ein und erhält:

$$\begin{aligned} 6 \cdot 5 + 7y &= 23 \\ 7y &= -7 \\ y &= -1 \end{aligned}$$

  Lösungsmenge: $L = \{5; -1\}$

Gauß-Verfahren

- Das Gauß-Verfahren ist ein Verfahren zur Lösung von linearen Gleichungssystemen (LGS), welches auf dem Additionsverfahren beruht.

- Beim Gauß-Verfahren ist es das Ziel das LGS auf **Stufenform** zu bringen. Ein LGS ist in Stufenform, wenn bei jeder Gleichung mindestens eine der Variablen in den folgenden Gleichungen nicht mehr vorkommt.

  Mögliche **Ausgangsform**:

$$\begin{array}{lllll} a_1x_1 & + a_2x_2 & + a_3x_3 & = d & \text{I} \\ b_1x_1 & + b_2x_2 & + b_3x_3 & = e & \text{II} \\ c_1x_1 & + c_2x_2 & + c_3x_3 & = f & \text{III} \end{array}$$

  Mögliche **Stufenform**:

$$\begin{array}{lllll} a_1x_1 & + a_2x_2 & + a_3x_3 & = d & \text{I} \\ b_1x_1 & + b_2x_2 & & = e & \text{II} \\ c_1x_1 & & & = f & \text{III} \end{array}$$

  oder

$$\begin{array}{lllll} a_1x_1 & + a_2x_2 & + a_3x_3 & = d & \text{I} \\ & b_1x_1 & + b_2x_2 & = e & \text{II} \\ & & c_3x_3 & = f & \text{III} \end{array}$$

- Die Stufenform erreicht man, indem man die Gleichungen mittels Äquivalenzumformungen umformt und addiert.

  Äquivalenzumformungen:

  - Gleichungen miteinander vertauschen
  - Eine Gleichung mit einer Zahl ungleich null multiplizieren oder dividieren
  - Eine Gleichung durch die Summe oder Differenz eines Vielfachen von ihr und einem Vielfachen einer anderen Gleichung ersetzen

Lösen eines linearen Gleichungssystems mit dem Gauß-Verfahren

- **Beispiel:**

$$\begin{array}{rcrcrcrl} 3x_1 & + & 6x_2 & - & 2x_3 & = & -4 & \quad \text{I} \\ 3x_1 & + & 2x_2 & - & x_3 & = & -4 & \quad \text{II} \\ 1{,}5x_1 & + & 5x_2 & - & 5x_3 & = & -9 & \quad \text{III} \\ \hline 3x_1 & + & 6x_2 & - & 2x_3 & = & -4 & \quad \text{I} \\ & & 4x_2 & - & x_3 & = & 0 & \quad \text{IIa} = \text{I} - \text{II} \\ & & -4x_2 & + & 8x_3 & = & 14 & \quad \text{IIIa} = \text{I} - 2\,\text{III} \\ \hline 3x_1 & + & 6x_2 & - & 2x_3 & = & -4 & \quad \text{I} \\ & & 4x_2 & - & x_3 & = & 0 & \quad \text{IIa} = \text{I} - \text{II} \\ & & & & 7x_3 & = & 14 & \quad \text{IIIb} = \text{IIa} + \text{IIIa} \\ \hline \end{array}$$

Aus IIIb folgt: $x_3 = 2$.

Setzt man $x_3 = 2$ in IIa ein, so folgt: $x_2 = \frac{1}{2}$.

Setzt man $x_3 = 2$, $x_2 = \frac{1}{2}$ in I, so folgt: $x_1 = -1$.

$L = \left\{-1; \frac{1}{2}; 2\right\}$

Lösungsmengen linearer Gleichungssysteme

- Ein lineares Gleichungssystem kann entweder genau eine, keine oder unendlich viele Lösungen haben.

- LGS mit genau **einer Lösung**:

$$\begin{array}{rcrcrcrl} 2x_1 & - & 4x_2 & - & x_3 & = & 1 & \quad \text{I} \\ & & 5x_2 & + & 2x_3 & = & 16 & \quad \text{II} \\ & & & & 3x_3 & = & 9 & \quad \text{III} \end{array}$$

  Aus III folgt: $x_3 = 3$.

  Setzt man dies in II ein, so erhält man $x_2 = 2$.

  Beide Werte eingesetzt in I, ergibt: $x_1 = 6$.

  Damit lautet die Lösungsmenge: $L = \{(6;2;3)\}$.

- LGS mit **keiner Lösung**:

$$\begin{array}{rcrcrcrl} 12x_1 & + & 5x_2 & - & 3x_3 & = & 7 & \quad \text{I} \\ & & 7x_2 & - & 3x_3 & = & 1 & \quad \text{II} \\ & & & & 0x_3 & = & -2 & \quad \text{III} \end{array}$$

  Da es sich bei Gleichung III um eine unwahre Aussage handelt, hat das LGS keine Lösung.

  Lösungsmenge: $L = \{\ \}$.

- LGS mit **unendlichen vielen Lösungen**:

$$\begin{array}{rcrcrcrl} 2x_1 & - & 4x_2 & - & 2x_3 & = & 2 & \quad \text{I} \\ & & 3x_2 & - & 6x_3 & = & 6 & \quad \text{II} \\ & & & & 0x_3 & = & 0 & \quad \text{III} \end{array}$$

  Die Gleichung III hat unendlich viele Lösungen.

  Setzt man für $x_3 = t\ (t \in \mathbb{R})$ in Gleichung II ein, so erhält man: $x_2 = 2 + 2t$.

  Setzt man beide Werte in Gleichung I ein, so erhält man: $x_1 = 5 + 5t$.

  Lösungsmenge: $L = \{(5 + 5t; 2 + 2t; t) \mid t \in \mathbb{R}\}$

Anwendungen linearer Gleichungssysteme

- **Vorgehensweise** beim Lösen von Anwendungsaufgaben mithilfe linearer Gleichungssysteme:
  - Festlegen einer Variablen für jede gesuchte Größe
  - Aufstellen des zugehörigen Gleichungssystems
  - Lösen des linearen Gleichungssystems
  - Interpretieren der Lösungsmenge

- **Beispiel:**
  Mischt man 55%igen Spiritus mit 85%igem, so erhält man 76%igen Spiritus. Nimmt man dagegen vom 55%igen 10 Liter mehr und vom 85%igen Spiritus 10 Liter weniger, so erhält man 73%igen Spiritus.
  Wie viel Liter jeder Sorte werden gemischt?

  Festlegen der Variablen: x_1: Menge des 55%igen Spiritus
  x_2: Menge des 85%igen Spiritus

  Aufstellen des LGS:

$$\begin{aligned} 0{,}55x_1 + 0{,}85x_2 &= (x_1 + x_2)\cdot 0{,}76 \\ 0{,}55\cdot(x_1 + 10) + 0{,}85\cdot(x_2 - 10) &= (x_1 + x_2)\cdot 0{,}73 \end{aligned}$$

  Löst man dieses LGS, so erhält man:
  $x_1 = 30$ und $x_2 = 70$.

  Man muss 30 Liter des 55%igen Spiritus und 70 Liter des 85%igen Spiritus nehmen, um die gewünschten Mischungen zu erhalten.

Vektoren

- Ein Vektor mit drei Koordinaten (dreidimensionaler Vektor) ist ein **geordnetes Zahlentripel**, welches wir als **Spalte** schreiben.

- Ein Vektor stellt eine **Verschiebung** dar, die einen Punkt P auf einen Punkt Q verschiebt.

- Ein Vektor hat eine **Länge** und eine **Richtung**.

- Bildet der Vektor $\vec{v}$ den Punkt $P(p_1 | p_2 | p_3)$ auf den Punkt $Q(q_1 | q_2 | q_3)$ ab, so gilt:

$$\vec{v} = \begin{pmatrix} v_1 \\ v_2 \\ v_3 \end{pmatrix} = \overrightarrow{PQ} = \begin{pmatrix} q_1 \\ q_2 \\ q_3 \end{pmatrix} - \begin{pmatrix} p_1 \\ p_2 \\ p_3 \end{pmatrix} = \begin{pmatrix} q_1 - p_1 \\ q_2 - p_2 \\ q_3 - p_3 \end{pmatrix}$$

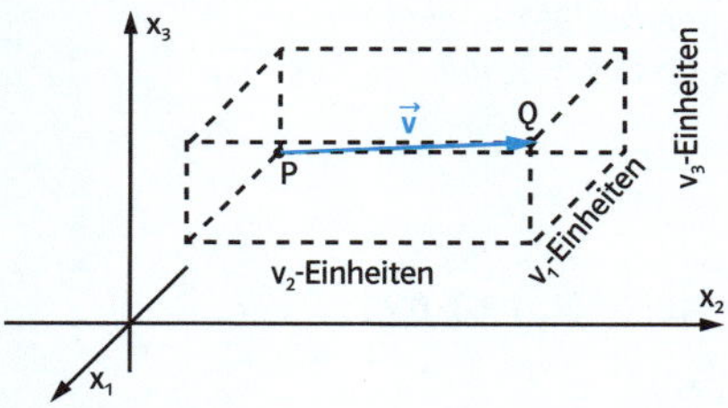

- Mit einem Vektor kann man die **Lage eines Punktes** im Koordinatensystem beschreiben.
  Der Vektor $\vec{p} = \overrightarrow{OP} = \begin{pmatrix} 3 \\ 5 \\ 7 \end{pmatrix}$ beschreibt den Punkt $P(3 | 5 | 7)$ im Koordinatensystem. Man nennt den Vektor $\overrightarrow{OP}$, der den Ursprung auf den Punkt P abbildet, auch **Ortsvektor**.

- Der **Nullvektor** $\vec{o} = \begin{pmatrix} 0 \\ 0 \\ 0 \end{pmatrix}$ hat die Länge 0, aber keine festgelegte Richtung.

- Zu jedem Vektor $\vec{p}$ existiert ein **Gegenvektor** $-\vec{p}$. Beide Vektoren haben die gleiche Länge, aber entgegensetzte Richtung.

Addition von Vektoren

- Zwei Vektoren $\vec{a}$ und $\vec{b}$ werden addiert, indem man die einzelnen Koordinaten der Vektoren miteinander addiert.

$$\vec{c} = \vec{a} + \vec{b} = \begin{pmatrix} a_1 \\ a_2 \\ a_3 \end{pmatrix} + \begin{pmatrix} b_1 \\ b_2 \\ b_3 \end{pmatrix} = \begin{pmatrix} a_1 + b_1 \\ a_2 + b_2 \\ a_3 + b_3 \end{pmatrix}.$$

- Für alle Vektoren $\vec{a}, \vec{b}, \vec{c}$ einer Ebene oder des Raumes gelten bei der Addition folgende Gesetze:
  - $\vec{a} + \vec{b} = \vec{b} + \vec{a}$ **(Kommutativgesetz)**,
  - $\vec{a} + \vec{b} + \vec{c} = (\vec{a} + \vec{b}) + c = \vec{a} + (\vec{b} + \vec{c})$ **(Assoziativgesetz)**.

- Zeichnerisch werden zwei Vektoren addiert, indem man das Ende des einen Vektors an die Spitze des anderen Vektors setzt.

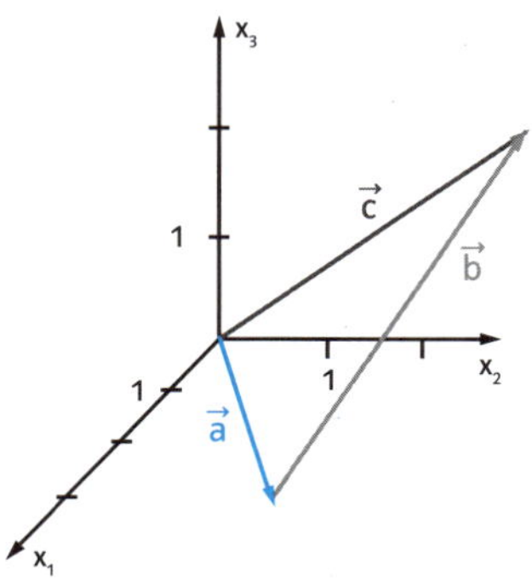

$$\vec{a} = \begin{pmatrix} 1 \\ 1 \\ -1 \end{pmatrix}$$

$$\vec{b} = \begin{pmatrix} -2 \\ 1{,}5 \\ 2{,}5 \end{pmatrix}$$

$$\vec{c} = \begin{pmatrix} 1 \\ 1 \\ -1 \end{pmatrix} + \begin{pmatrix} -2 \\ 1{,}5 \\ 2{,}5 \end{pmatrix} = \begin{pmatrix} -1 \\ 2{,}5 \\ 1{,}5 \end{pmatrix}$$

Subtraktion von Vektoren

- Zwei Vektoren $\vec{a}$ und $\vec{b}$ werden subtrahiert, indem man die einzelnen Koordinaten der Vektoren voneinander subtrahiert.

  $$\vec{c} = \vec{a} - \vec{b} = \begin{pmatrix} a_1 \\ a_2 \\ a_3 \end{pmatrix} - \begin{pmatrix} b_1 \\ b_2 \\ b_3 \end{pmatrix} = \begin{pmatrix} a_1 - b_1 \\ a_2 - b_2 \\ a_3 - b_3 \end{pmatrix}.$$

- Bei der Subtraktion kann man die beiden Zahlen nicht vertauschen oder die Klammern beliebig verschieben. Somit gelten bei der Subtraktion das Kommutativgesetz und das Assoziativgesetz nicht.

- Zeichnerisch werden zwei Vektoren subtrahiert, indem man den Gegenvektor $-\vec{b}$ zum Vektor $\vec{a}$ addiert.

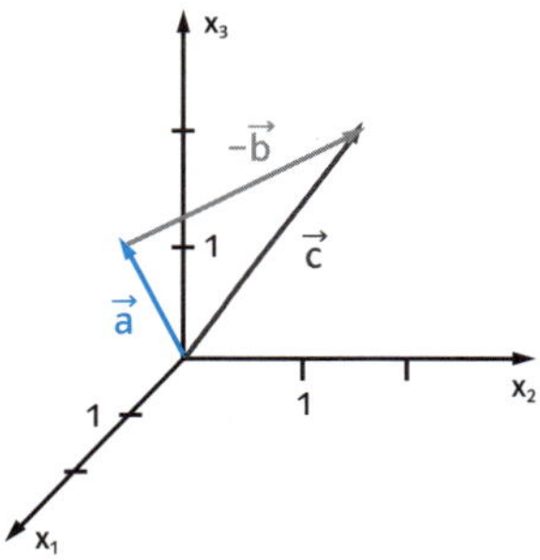

$$\vec{a} = \begin{pmatrix} 2 \\ 0{,}5 \\ 2 \end{pmatrix}$$

$$\vec{b} = \begin{pmatrix} -2 \\ -3 \\ -2 \end{pmatrix}$$

$$\vec{c} = \begin{pmatrix} 2 \\ 0{,}5 \\ 2 \end{pmatrix} + \begin{pmatrix} 2 \\ 3 \\ 2 \end{pmatrix} = \begin{pmatrix} 4 \\ 3{,}5 \\ 4 \end{pmatrix}$$

Multiplikation eines Vektors mit einer Zahl

- Multipliziert man einen Vektor $\vec{a}$ mit einer reellen Zahl $r \neq 0$, so erhält man einen Vektor $r \cdot \vec{a}$, der parallel zu $\vec{a}$ ist.

- Der Vektor $r \cdot \vec{a}$ ist r-mal so lang wie der Vektor $\vec{a}$.

- Der Vektor $r \cdot \vec{a}$ hat die gleiche Richtung wie der Vektor $\vec{a}$, wenn $r > 0$.

- Der Vektor $r \cdot \vec{a}$ hat die entgegengesetzte Richtung wie der Vektor $\vec{a}$, wenn $r < 0$.

- Für einen Vektor und eine Zahl $r \in \mathbb{R}$ gilt:

$$r \cdot \vec{v} = r \cdot \begin{pmatrix} v_1 \\ v_2 \\ v_3 \end{pmatrix} = \begin{pmatrix} r \cdot v_1 \\ r \cdot v_2 \\ r \cdot v_3 \end{pmatrix}.$$

- Multipliziert man einen Vektor $\vec{a}$ mit -1, so erhält man seinen Gegenvektor. Der Vektor und der Gegenvektor sind gleichlang, aber entgegengerichtet.

- Für beliebige Vektoren $\vec{a}$, $\vec{b}$ und reelle Zahlen r, s gilt:
  - $r \cdot (s \cdot \vec{a}) = (r \cdot s) \cdot \vec{a}$ **(Assoziativgesetz)**,
  - $r \cdot (-\vec{a}) = (-r) \cdot \vec{a} = -(r \cdot \vec{a})$,
  - $(r + s) \cdot \vec{a} = r \cdot \vec{a} + s \cdot \vec{a}$ **(Distributivgesetz)**,
  - $r \cdot (\vec{a} + \vec{b}) = r \cdot \vec{a} + r \cdot \vec{b}$ **(Distributivgesetz)**.

- Die Multiplikation eines Vektors mit einer reellen Zahl (Skalar) wird auch **Skalarmultiplikation** genannt .

- Sind zwei Vektoren Vielfache voneinander, d.h. $\vec{b} = r \cdot \vec{a}$, so nennt man sie **kollinear** oder **linear abhängig**. Die zugehörigen Pfeile haben die gleiche Richtung, aber unterschiedliche Länge.

Linearkombination

- Gegeben sind drei Vektoren $\vec{a}$, $\vec{b}$ und $\vec{c}$. Kann man den Vektor $\vec{c}$ durch $r \cdot \vec{a} + s \cdot \vec{b} = \vec{c}$ $(r, s \in \mathbb{R})$ darstellen, so nennt man $\vec{c}$ eine Linearkombination von $\vec{a}$ und $\vec{b}$.

- Kann man einen Vektor als Linearkombination von anderen Vektoren darstellen, so nennt man die Vektoren linear abhängig. Ansonsten sind sie linear unabhängig.

- Sind mehrere Vektoren linear abhängig, so muss nicht jeder dieser Vektoren als Linearkombination der anderen darstellbar sein. Es muss jedoch für mindestens einen Vektor möglich sein.

- Lässt sich der Nullvektor durch eine Linearkombination von Vektoren $\vec{a}$, $\vec{b}$, $\vec{c}$, … mit von null verschiedenen Koeffizienten $r \cdot \vec{a} + s \cdot \vec{b} + t \cdot \vec{c} + \ldots = \vec{o}$ darstellen, so sind die Vektoren **linear abhängig.**
  Ist die Gleichung nur für Koeffizienten, die den Wert 0 annehmen, erfüllt, so sind die Vektoren **linear unabhängig.**

- Für Vektoren in der **Ebene** gilt:
  Höchstens zwei Vektoren einer Ebene sind linear unabhängig.
  Jeder Vektor einer Ebene kann als Linearkombination zweier linear unabhängiger Vektoren dieser Ebene dargestellt werden.

Untersuchung von Vektoren auf lineare Abhängigkeit

- **Beispiel:**

Die Vektoren $\begin{pmatrix}1\\1\\2\end{pmatrix}$, $\begin{pmatrix}3\\-1\\1\end{pmatrix}$, $\begin{pmatrix}-1\\3\\3\end{pmatrix}$ sind linear abhängig, das lineare Gleichungssystem

$$\begin{array}{rcl} r + 3s - t = 0 & & \text{I} \\ r - s + 3t = 0 & & \text{II} \\ 2r + s + 3t = 0 & & \text{III} \end{array}$$

hat unendlich viele Lösungen.

$r = -2t;\ s = t;\ t = t$

Damit gilt: $-2t \cdot \begin{pmatrix}1\\1\\2\end{pmatrix} + t \cdot \begin{pmatrix}3\\-1\\1\end{pmatrix} + t \cdot \begin{pmatrix}-1\\3\\3\end{pmatrix} = \begin{pmatrix}0\\0\\0\end{pmatrix}$

- **Beispiel:**

Die Vektoren $\begin{pmatrix}-3\\17\\18\end{pmatrix}$, $\begin{pmatrix}5\\9\\7\end{pmatrix}$, $\begin{pmatrix}12\\-10\\9\end{pmatrix}$ sind linear unabhängig, das lineare Gleichungssystem

$$\begin{array}{rcl} -3r + 5s + 12t = 0 & & \text{I} \\ 17r + 9s - 10t = 0 & & \text{II} \\ 18r + 7s + 9t = 0 & & \text{III} \end{array}$$

hat die Lösungen
$r = 0,\ s = 0$ und $t = 0.$

Somit sind die drei Vektoren linear unabhängig.

Rechnen mit Vektoren

- **Beispiel:**
  Beim Viereck ABCD handelt es sich um ein Parallelogramm, bei dem die Diagonale $\overline{DB}$ im Verhältnis 2 : 1 durch den Punkt P geteilt wird.
  D. h. die Strecke $\overline{DP} = 2 \cdot \overline{PB}$.

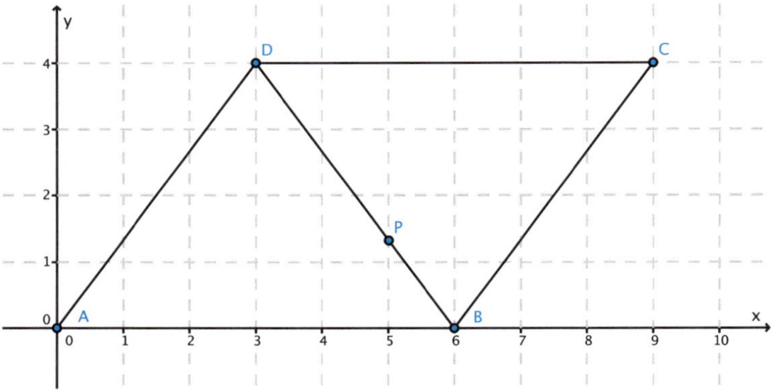

- Bestimme die Koordinaten von P.
  Für den Ortsvektor zum Punkt P gilt:

$$\overline{OP} = \overline{OD} + \frac{2}{3}\,\overline{DB} = \begin{pmatrix}3\\4\end{pmatrix} + \frac{2}{3}\cdot\left(\begin{pmatrix}6\\0\end{pmatrix} - \begin{pmatrix}3\\4\end{pmatrix}\right) = \begin{pmatrix}3\\4\end{pmatrix} + \frac{2}{3}\cdot\begin{pmatrix}3\\-4\end{pmatrix} = \begin{pmatrix}5\\\frac{4}{3}\end{pmatrix}.$$

- Der gesuchte Punkt hat die Koordinaten: $P\left(5\,\middle|\,\frac{4}{3}\right)$.

- Das Parallelogramm könnte natürlich auch in einem dreidimensionalen Koordinatensystem liegen. Dann würde es sich in der x_2x_3-Ebene befinden. Dann würde für den Ortsvektor zum Punkt P gelten:

$$\overline{OP} = \overline{OD} + \frac{2}{3}\,\overline{DB} = \begin{pmatrix}0\\3\\4\end{pmatrix} + \frac{2}{3}\cdot\left(\begin{pmatrix}0\\6\\0\end{pmatrix} - \begin{pmatrix}0\\3\\4\end{pmatrix}\right) = \begin{pmatrix}0\\3\\4\end{pmatrix} + \frac{2}{3}\cdot\begin{pmatrix}0\\3\\-4\end{pmatrix} = \begin{pmatrix}0\\5\\\frac{4}{3}\end{pmatrix}.$$

  In diesem Fall hätte der Punkt P die Koordinaten:
  $P\left(0\,|\,5\,\middle|\,\frac{4}{3}\right)$.

Länge eines Vektors

- Unter dem **Betrag** eines Vektors versteht man seine **Pfeillänge**. Er sagt nichts über seine Richtung aus.

- Der Vektor $\vec{a} = \begin{pmatrix} a_1 \\ a_2 \\ a_3 \end{pmatrix}$ hat die Länge (den Betrag)

  $|\vec{a}| = \sqrt{a_1^2 + a_2^2 + a_3^2}$.

- Der Betrag ist kein Vektor, sondern eine Zahl. Diese Zahl kann nicht negativ sein.

- Den Vektor mit dem Betrag 1 nennt man den **Einheitsvektor** $\vec{a_0}$.
  Für $\vec{a} \neq \vec{o}$ gilt: $\vec{a_0} = \frac{1}{|\vec{a}|} \cdot \vec{a}$. Der Einheitsvektor $\vec{a_0}$ hat die gleiche Richtung wie $\vec{a}$.

- Mithilfe des Betrags kann man auch den **Abstand zweier Punkte** bzw. die **Länge einer Strecke** bestimmen.
  Zwei Punkte $P(p_1 | p_2 | p_3)$ und $Q(q_1 | q_2 | q_3)$ haben den Abstand:

  $$|\overrightarrow{PQ}| = \left| \begin{pmatrix} q_1 \\ q_2 \\ q_3 \end{pmatrix} - \begin{pmatrix} p_1 \\ p_2 \\ p_3 \end{pmatrix} \right| = \left| \begin{pmatrix} q_1 - p_1 \\ q_2 - p_2 \\ q_3 - p_3 \end{pmatrix} \right| = \sqrt{(q_1 - p_1)^2 + (q_2 - p_2)^2 + (q_3 - p_3)^2}$$

- **Beispiel:**
  Bestimme den Abstand der beiden Punkte $P(-6 | -2 | 3)$ und $Q(9 | -2 | 11)$.
  Für den Abstand gilt:

  $$|\overrightarrow{PQ}| = \left| \begin{pmatrix} 9 \\ -2 \\ 11 \end{pmatrix} - \begin{pmatrix} -6 \\ -2 \\ 3 \end{pmatrix} \right| = \left| \begin{pmatrix} 9-(-6) \\ -2-(-2) \\ 11-3 \end{pmatrix} \right| = \sqrt{(15)^2 + (0)^2 + (8)^2} = 17.$$

Skalarprodukt

- Unter dem Winkel φ zwischen den Vektoren $\vec{a}$ und $\vec{b}$ versteht man den kleineren der Winkel zwischen den Pfeilen der Vektoren mit gleichem Anfangspunkt. Der Winkel ist kleiner oder gleich 180°.

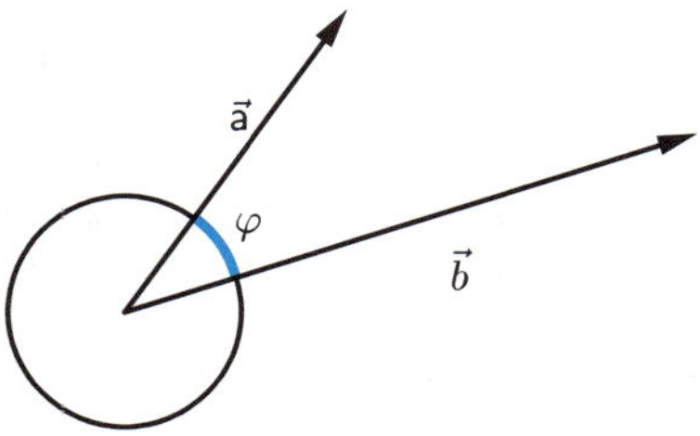

- Ist φ der Winkel zwischen den Vektoren $\vec{a}$ und $\vec{b}$, so heißt

  $\vec{a} \cdot \vec{b} = |\vec{a}| \cdot |\vec{b}| \cdot \cos\varphi$ oder $\vec{a} \circ \vec{b} = |\vec{a}| \cdot |\vec{b}| \cdot \cos\varphi$

  das **Skalarprodukt** von $\vec{a}$ und $\vec{b}$.

- Das Ergebnis des Skalarproduktes ist eine **reelle Zahl.**

- Für $0° \leqq \varphi < 90°$ ist das Skalarprodukt positiv, da die Beträge von Vektoren und der $\cos\varphi$ positiv sind.
  Für $90° < \varphi \leqq 180°$ ist das Skalarprodukt negativ, da die Beträge von Vektoren positiv sind, aber der $\cos\varphi$ negativ ist.

- **Sonderfälle:**
  - $\varphi = 0°$: die Vektoren $\vec{a}$ und $\vec{b}$ haben die gleiche Richtung.
    Es gilt: $\vec{a} \cdot \vec{b} = |\vec{a}| \cdot |\vec{b}|$ $(\cos(0°) = 1)$.
  - $\varphi = 180°$: die Vektoren $\vec{a}$ und $\vec{b}$ haben die entgegengesetzte Richtung.
    Es gilt: $\vec{a} \cdot \vec{b} = -|\vec{a}| \cdot |\vec{b}|$ $(\cos(180°) = -1)$.

- In **Koordinatenform** lautet das Skalarprodukt:

$$\vec{a} \cdot \vec{b} = \begin{pmatrix} a_1 \\ a_2 \\ a_3 \end{pmatrix} \cdot \begin{pmatrix} b_1 \\ b_2 \\ b_3 \end{pmatrix} = a_1b_1 + a_2b_2 + a_3b_3.$$

Orthogonale Vektoren

- Mithilfe des Skalarproduktes kann man untersuchen, ob zwei Vektoren zueinander orthogonal sind.

- Der Winkel zwischen zwei orthogonalen Vektoren $\vec{a}$ und $\vec{b}$ beträgt 90°. Damit ergibt sich mit dem **Skalarprodukt**:

  $\vec{a} \cdot \vec{b} = |\vec{a}| \cdot |\vec{b}| \cdot \cos(90°) = 0 \quad (\cos(90°) = 0).$

- Koordinatenform:

  $$\vec{a} \cdot \vec{b} = \begin{pmatrix} a_1 \\ a_2 \\ a_3 \end{pmatrix} \cdot \begin{pmatrix} b_1 \\ b_2 \\ b_3 \end{pmatrix} = a_1 b_1 + a_2 b_2 + a_3 b_3 = 0.$$

- **Beispiel:**

  Gesucht sind alle Vektoren, die zu $\vec{a} = \begin{pmatrix} 3 \\ 2 \\ 4 \end{pmatrix}$ und auch zu $\vec{b} = \begin{pmatrix} 6 \\ 5 \\ 4 \end{pmatrix}$ **orthogonal** sind.

  Damit der Vektor $\vec{v} = \begin{pmatrix} v_1 \\ v_2 \\ v_3 \end{pmatrix}$ ein zu $\vec{a}$ und $\vec{b}$ orthogonaler Vektor ist, muss gelten:

  $\vec{a} \cdot \vec{v} = 3v_1 + 2v_2 + 4v_3 = 0 \quad$ und $\quad \vec{b} \cdot \vec{v} = 6v_1 + 5v_2 + 4v_3 = 0.$

  Umgewandelt in **Stufenform**:

  $$\begin{aligned} 3v_1 + 2v_2 + 4v_3 &= 0 \\ v_2 - 4v_3 &= 0 \end{aligned}$$

  Wählt man für $v_3 = t$ als Parameter, so hat dieses LGS die **Lösungsmenge** $L = \{(-4t; 4t; t) \mid (t \in \mathbb{R})\}$.

  Für die gesuchten Vektoren gilt: $\vec{v} = t \cdot \begin{pmatrix} -4 \\ 4 \\ 1 \end{pmatrix}$.

Vektorprodukt

- Das **Vektorprodukt** ist auch unter dem Namen **Kreuzprodukt** bekannt.

- Beim Vektorprodukt bzw. Kreuzprodukt entsteht bei der Verknüpfung zweier Vektoren $\vec{a}$ und $\vec{b}$ wieder ein Vektor.
  Dieser Vektor steht **senkrecht** (orthogonal) auf den beiden Vektoren $\vec{a}$ und $\vec{b}$.

- Für das Vektorprodukt mit den Vektoren $\vec{a}$ und $\vec{b}$ gilt:

$$\vec{a} \times \vec{b} = \begin{pmatrix} a_1 \\ a_2 \\ a_3 \end{pmatrix} \times \begin{pmatrix} b_1 \\ b_2 \\ b_3 \end{pmatrix} = \begin{pmatrix} a_2b_3 - a_3b_2 \\ a_3b_1 - a_1b_3 \\ a_1b_2 - a_2b_1 \end{pmatrix}.$$

- Sind die Vektoren $\vec{a}$ und $\vec{b}$ parallel, so gilt: $\vec{a} \times \vec{b} = \vec{o}$.

- Das Vektorprodukt kann man benutzen, um den **Normalenvektor** einer Ebene zu bestimmen.

- Der **Betrag** des Vektorproduktes ist die **Maßzahl des Flächeninhaltes** des von den Vektoren $\vec{a}$ und $\vec{b}$ aufgespannten Parallelogramms:

$$|\vec{a} \times \vec{b}| = |\vec{a}| \cdot |\vec{b}| \cdot \sin \varphi.$$

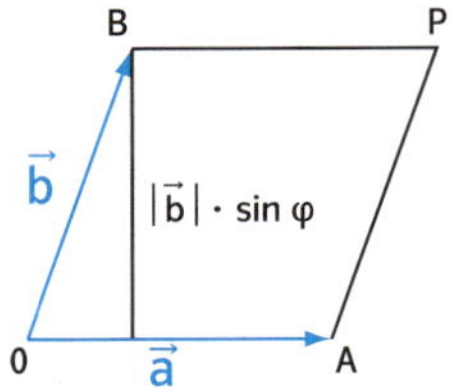

- Mithilfe des Vektorproduktes kann man das Volumen des von drei Vektoren $\vec{a}$, $\vec{b}$ und $\vec{c}$ im Raum aufgespannten Spats bestimmen:

$$V = |(\vec{a} \times \vec{b}) \circ \vec{c}|.$$

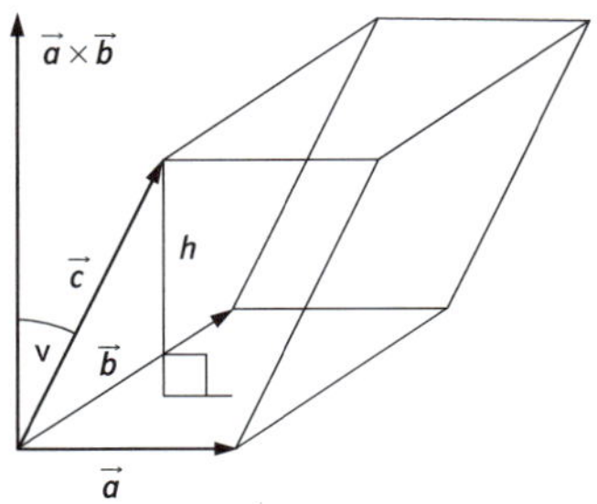

Geraden

- In der Ebene werden Geraden meistens in der sogenannten **Koordinatendarstellung** angegeben: $y = mx + t$ oder $x_2 = mx_1 + t$.

- Geraden kann man aber auch mithilfe von **Vektoren** darstellen. Damit kann man Geraden nicht nur in der Ebene, sondern auch im Raum darstellen.

- Eine Gerade ist sowohl in der Ebene als auch im Raum durch Angabe eines Punktes P und eines Richtungsvektors $\vec{u}$ eindeutig bestimmt.

- Für die **Vektorgleichung** bzw. **Parametergleichung** einer Geraden in der Ebene oder im Raum gilt:

$$g: \vec{x} = \vec{p} + s \cdot \vec{u} \quad (s \in \mathbb{R}).$$

- Hierbei ist $\vec{p}$ der Ortsvektor eines Punktes P der Geraden (**Stützvektor**) und $\vec{u}$ ($\vec{u} \neq 0$) ein **Richtungsvektor**.

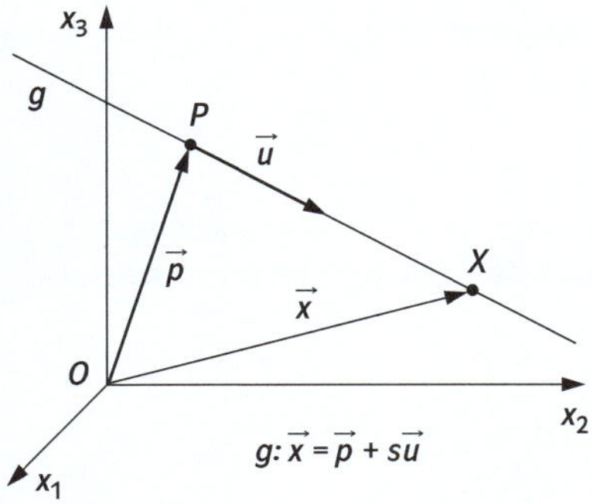

- Eine Gerade ist auch durch zwei Punkte A und B eindeutig bestimmt. Für die Geradengleichung gilt dann:

$$g(A;B): \vec{x} = \vec{a} + t(\vec{b} - \vec{a}) \quad (t \in \mathbb{R}) \quad \textbf{(Zwei-Punkte-Form)}.$$

Geraden im Raum

- **Parametergleichung** bestimmen:

  Bestimme die Gerade durch die Punkte A(1 | −2 | 5) und B(4 | 6 | −2).

  Ein möglicher **Stützvektor** ist der Ortsvektor zum Punkt A: $\vec{a} = \begin{pmatrix} 1 \\ -2 \\ 5 \end{pmatrix}$.

  Ein möglicher **Richtungsvektor** ist der Vektor, der den Punkt A auf den Punkt B abbildet: $\overrightarrow{AB} = \begin{pmatrix} 4 \\ 6 \\ -2 \end{pmatrix} - \begin{pmatrix} 1 \\ -2 \\ 5 \end{pmatrix} = \begin{pmatrix} 3 \\ 8 \\ -7 \end{pmatrix}$.

  Die Gleichung der Geraden lautet:

  $$g:\ \vec{x} = \begin{pmatrix} 1 \\ -2 \\ 5 \end{pmatrix} + t \cdot \begin{pmatrix} 3 \\ 8 \\ -7 \end{pmatrix} \quad (t \in \mathbb{R}).$$

- **Punktprobe**:

  Liegt der Punkt A(−7 | −5 | 8) auf der Geraden $g:\ \vec{x} = \begin{pmatrix} 3 \\ -1 \\ 2 \end{pmatrix} + t \cdot \begin{pmatrix} 5 \\ 2 \\ -3 \end{pmatrix}$?

  Wenn A auf g liegt, dann muss es eine reelle Zahl geben, die die Gleichung

  $\begin{pmatrix} -7 \\ -5 \\ 8 \end{pmatrix} = \begin{pmatrix} 3 \\ -1 \\ 2 \end{pmatrix} + t \cdot \begin{pmatrix} 5 \\ 2 \\ -3 \end{pmatrix}$ erfüllt.

  Aus $3 + 5t = -7$ folgt $t = -2$. Setzt man $t = -2$ in die Gleichungen $-1 + 2t = -5$ und $2 - 3t = 8$ ein, so liefern beide Gleichungen wahre Aussagen. Somit liegt A auf g.

Darstellung von Geraden im Raum

- **Vorgehensweise:**
  Gegeben ist die Geradengleichung in Parameterform:

  $$g:\ \vec{x} = \vec{p} + t \cdot \vec{u} \quad (t \in \mathbb{R}).$$

  - Trage den Pfeil des Stützvektors $\vec{p}$, dessen Anfang im Ursprung O liegt, in das Koordinatensystem ein.
  - Trage den Pfeil des Richtungsvektors $\vec{u}$, dessen Anfangspunkt an der Spitze des Pfeils des Stützvektors liegt, ein.
  - Zeichne g so, dass der Pfeil von $\vec{u}$ auf g liegt.

- **Beispiel:**
  Zeichne die Gerade $g:\ \vec{x} = \begin{pmatrix} 1 \\ 2 \\ -1 \end{pmatrix} + t \cdot \begin{pmatrix} 1 \\ 2 \\ 3 \end{pmatrix}$ $(t \in \mathbb{R})$ in ein Koordinatensystem.

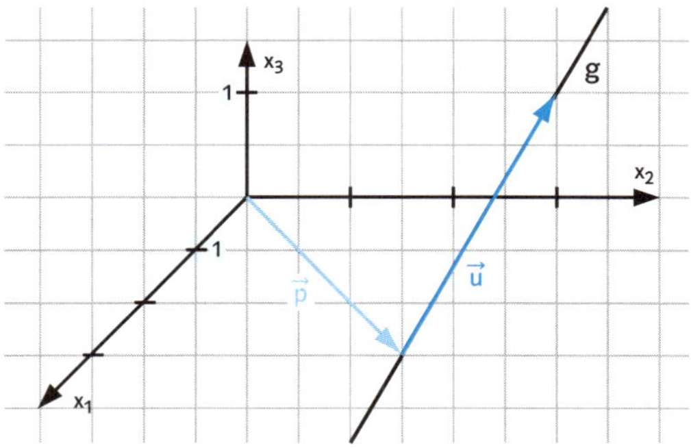

Gegenseitige Lage von Geraden

- Zwei Geraden $g: \vec{x} = \vec{p} + r \cdot \vec{u}$ $(r \in \mathbb{R})$ und $h: \vec{x} = \vec{q} + s \cdot \vec{v}$ $(s \in \mathbb{R})$ können folgende Lagebeziehungen zueinander besitzen:
  - g und h fallen aufeinander (g = h).
  - g und h sind echt parallel zueinander ($g \parallel h$).
  - g und h schneiden sich in einem Punkt.
  - g und h sind windschief.

- Fallen die beiden Geraden g und h aufeinander, so existiert ein Punkt A, für den gilt $A \in g$ und $A \in h$, und die beiden Richtungsvektoren $\vec{u}$ und $\vec{v}$ sind linear abhängig.

- Sind die beiden Geraden g und h parallel zu einander, so sind die beiden Richtungsvektoren $\vec{u}$ und $\vec{v}$ linear abhängig , aber die beiden Geraden haben keinen gemeinsamen Punkt.

- Schneiden sich die beiden Geraden in einem Punkt A, so sind die beiden Richtungsvektoren $\vec{u}$ und $\vec{v}$ linear unabhängig und die Gleichung $\vec{p} + r \cdot \vec{u} = \vec{q} + s \cdot \vec{v}$ hat eine Lösung.

- Sind die beiden Geraden windschief, so sind die beiden Richtungsvektoren $\vec{u}$ und $\vec{v}$ linear unabhängig und die Gleichung $\vec{p} + r \cdot \vec{u} = \vec{q} + s \cdot \vec{v}$ hat keine Lösung.

identische Geraden

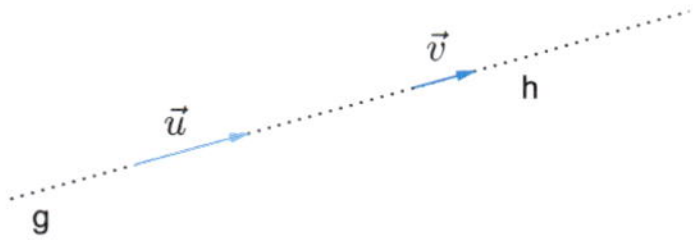

parallele Geraden

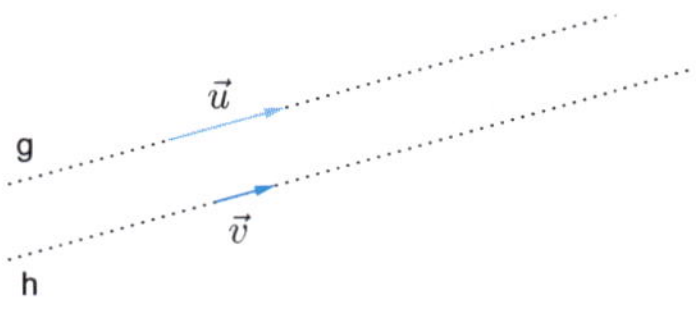

sich schneidende Geraden

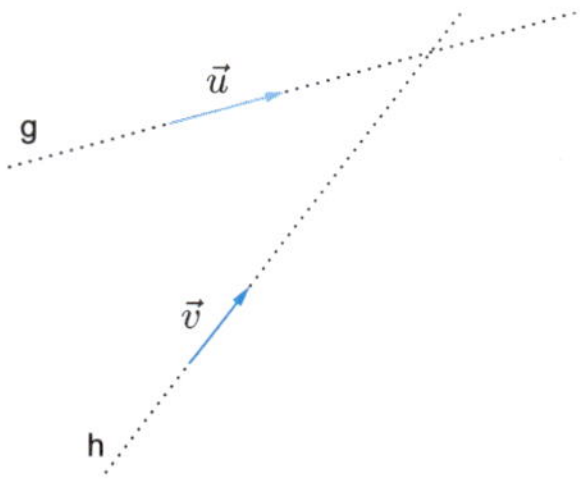

windschiefe Geraden

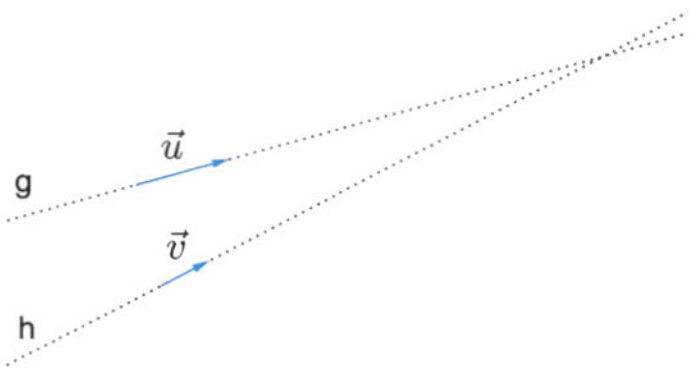

Untersuchung der Lage von Geraden

- Untersuche die Geraden auf ihre gegenseitige Lage:

  - $g\colon \vec{x} = \begin{pmatrix} 7 \\ -2 \\ 2 \end{pmatrix} + t \cdot \begin{pmatrix} 2 \\ 3 \\ 1 \end{pmatrix}$ $(t \in \mathbb{R})$; $h\colon \vec{x} = \begin{pmatrix} 4 \\ -6 \\ -1 \end{pmatrix} + s \cdot \begin{pmatrix} 1 \\ 1 \\ 2 \end{pmatrix}$ $(s \in \mathbb{R})$.

    Gleichsetzen der Geradengleichungen liefert:

    $$\begin{pmatrix} 7 \\ -2 \\ 2 \end{pmatrix} + t \cdot \begin{pmatrix} 2 \\ 3 \\ 1 \end{pmatrix} = \begin{pmatrix} 4 \\ -6 \\ -1 \end{pmatrix} + s \cdot \begin{pmatrix} 1 \\ 1 \\ 2 \end{pmatrix} \quad \text{bzw.} \quad t \cdot \begin{pmatrix} 2 \\ 3 \\ 1 \end{pmatrix} - s \cdot \begin{pmatrix} 1 \\ 1 \\ 2 \end{pmatrix} = \begin{pmatrix} -3 \\ -4 \\ -3 \end{pmatrix}$$

    $$\begin{array}{rcrl} 2t - s & = & -3 & \text{I} \\ 3t - s & = & -4 & \text{II} \\ t - 2s & = & -3 & \text{III} \\ \hline 2t - s & = & -3 & \text{I} \\ -t & = & 1 & \text{II a} = \text{I} - \text{II} \\ 3t & = & -3 & \text{III a} = 2\,\text{I} - \text{III} \\ \hline \end{array}$$

    Aus Gleichung II a und III a folgt: $t = -1$.
    Setzt man dies in Gleichung I ein, so erhält man $s = 1$.
    Nun setzt man s in die Geradengleichung h oder t in die Geradengleichung g ein und erhält daraus den **Schnittpunkt** $S(5\,|\,-5\,|\,1)$.

  - $g\colon \vec{x} = \begin{pmatrix} 7 \\ -2 \\ 2 \end{pmatrix} + t \cdot \begin{pmatrix} 2 \\ 3 \\ 1 \end{pmatrix}$ $(t \in \mathbb{R})$; $h\colon \vec{x} = \begin{pmatrix} 1 \\ 0 \\ 3 \end{pmatrix} + s \cdot \begin{pmatrix} -4 \\ -6 \\ -2 \end{pmatrix}$ $(s \in \mathbb{R})$.

    Betrachtet man die Richtungsvektoren der beiden Geraden, so erkennt man, dass diese linear abhängig sind. Somit sind die Geraden entweder echt parallel oder identisch.
    Um dies zu prüfen, setzt man den Aufpunkt von g oder den Aufpunkt von h in die andere Geradengleichung ein. Liegt der Aufpunkt von h auf der Geraden g oder der Aufpunkt von g auf der Geraden h, so sind die Geraden identisch.
    Die Punktprobe für $A(7\,|\,-2\,|\,2)$ ergibt, dass der Punkt nicht auf der Geraden h liegt. Somit sind die Geraden echt parallel.

Vektorgleichung einer Ebene

- Eine Ebene wird durch zwei linear unabhängige Vektoren aufgespannt. Diese beiden Vektoren werden **Spannvektoren** genannt.

- Eine Ebene ist durch die Angabe eines Punktes P und zweier Spannvektoren $\vec{u}$ und $\vec{v}$ eindeutig bestimmt.

- Für die Vektor- oder Parametergleichung einer Ebene gilt:

$$E:\ \vec{x} = \vec{p} + s \cdot \vec{u} + t \cdot \vec{v} \quad (t, s \in \mathbb{R}).$$

Hierbei $\vec{p}$ ist der Ortsvektor eines Punktes P der Ebene (Stützvektor) und $\vec{u}$ und $\vec{v}$ ($\vec{u} \neq 0$, $\vec{v} \neq 0$) die Spannvektoren.

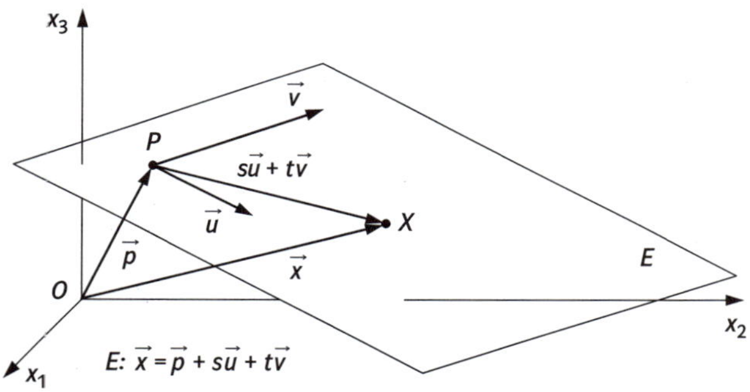

- Eine Ebene ist auch durch drei Punkte A, B und C, die nicht auf einer Geraden liegen, eindeutig bestimmt. Für die Ebenengleichung gilt dann:

$$E:\ \vec{x} = \vec{a} + s \cdot (\vec{b} - \vec{a}) + t \cdot (\vec{c} - \vec{a}) \quad (s, t \in \mathbb{R}).$$

- Eine Ebene ist durch einen Punkt Q und eine Gerade eindeutig bestimmt. Es gilt dann:

$$E:\ \vec{x} = \vec{p} + s \cdot \vec{u} + t \cdot (\vec{q} - \vec{p}) \quad (s, t \in \mathbb{R}).$$

- Eine Ebene ist durch zwei parallele Geraden $g:\ \vec{x} = \vec{p} + s \cdot \vec{u}$ und $h:\ \vec{x} = \vec{q} + t \cdot \vec{v}$ eindeutig bestimmt. Es gilt für die Ebenengleichung:

$$E:\ \vec{x} = \vec{p} + s \cdot \vec{u} + t \cdot \vec{v} \quad (s, t \in \mathbb{R}).$$

Zwei windschiefe Geraden spannen keine Ebene auf.

Normalengleichung einer Ebene

- Eine Ebene E lässt sich auch durch einen **Punkt** A, der in der Ebene liegt, und einen **Vektor** $\vec{n}$, der orthogonal zu den beiden Spannvektoren ist, aufstellen. Den Vektor $\vec{n}$, der senkrecht auf den beiden Spannvektoren steht, nennt man auch **Normalenvektor** der Ebene.

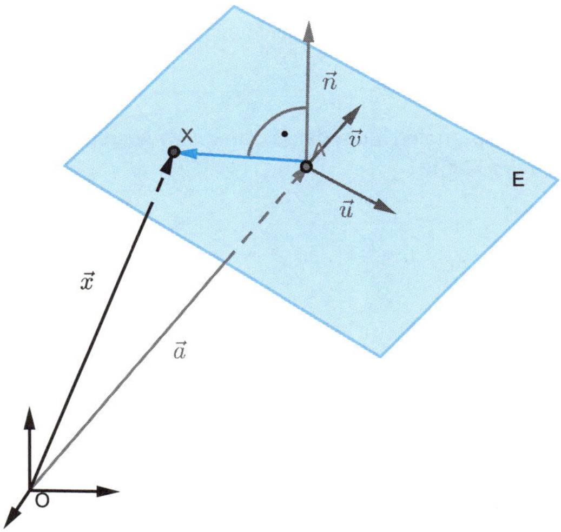

- Jede Ebene lässt sich durch eine Gleichung in Normalenform darstellen. Für die **Normalengleichung** gilt:

$$E: [\vec{x} - \vec{a}] \cdot \vec{n} = 0 \quad \text{bzw.} \quad E: [\vec{x} - \vec{a}] \circ \vec{n} = 0,$$

dabei ist $\vec{a}$ der Stützvektor und $\vec{n}$ der Normalenvektor.

- Für **Abstandsbestimmungen** ist es günstig, als Normalenvektor den Normaleneinheitsvektor zur wählen.
Für den Normaleneinheitsvektor gilt:

$$\vec{n_0} = \frac{1}{|\vec{n}|}\vec{n}.$$

Damit ergibt sich die Hesse'sche Normalenform der Ebene:

$$E: [\vec{x} - \vec{a}] \cdot \vec{n_0} = 0 \quad \text{bzw.} \quad E: [\vec{x} - \vec{a}] \circ \vec{n_0} = 0.$$

Koordinatengleichung einer Ebene

- Jede Ebene E lässt sich durch eine Koordinatengleichung

  $$E: \ ax_1 + bx_2 + cx_3 = d$$

  beschreiben, bei der mindestens einer der drei Koeffizienten a, b, c ungleich 0 ist.

  Ist $ax_1 + bx_2 + cx_3 = d$ eine Koordinatengleichung der Ebene E, so ist $\begin{pmatrix} a \\ b \\ c \end{pmatrix}$ ein Normalenvektor der Ebene E.

- Man erhält die Koordinatengleichung der Ebene durch Ausmultiplizieren der Normalenform der Ebene.

Aufstellen von Ebenengleichungen

- **Parametergleichung** durch die Punkte A(2 | 2 | 1), B(3 | 0 | 4) und C(4 | 7 | 8)

  Für die Parametergleichung gilt: $E:\ \vec{x} = \vec{a} + s\cdot\left(\vec{b} - \vec{a}\right) + t\cdot\left(\vec{c} - \vec{a}\right)$.

  Damit ergibt sich

  $$E:\ \vec{x} = \begin{pmatrix}2\\2\\1\end{pmatrix} + s\cdot\left(\begin{pmatrix}3\\0\\4\end{pmatrix} - \begin{pmatrix}2\\2\\1\end{pmatrix}\right) + t\cdot\left(\begin{pmatrix}4\\7\\8\end{pmatrix} - \begin{pmatrix}2\\2\\1\end{pmatrix}\right)$$

  $$E:\ \vec{x} = \begin{pmatrix}2\\2\\1\end{pmatrix} + s\cdot\begin{pmatrix}1\\-2\\3\end{pmatrix} + t\cdot\begin{pmatrix}2\\5\\7\end{pmatrix}$$

- **Normalengleichung** durch den Punkt P(−1 | 2 | −1) und mit dem Normalenvektor $\vec{n} = \begin{pmatrix}3\\-2\\7\end{pmatrix}$

  Für die Normalenform gilt: $E:\ \left[\vec{x} - \vec{p}\right]\cdot\vec{n} = 0$ bzw. $E:\ \left[\vec{x} - \vec{p}\right]\circ\vec{n} = 0$.

  Damit ergibt sich:

  $$E:\ \left[\vec{x} - \begin{pmatrix}-1\\2\\-1\end{pmatrix}\right]\circ\begin{pmatrix}3\\-2\\7\end{pmatrix} = 0 \quad \text{bzw.} \quad E:\ \left[\vec{x} - \begin{pmatrix}-1\\2\\-1\end{pmatrix}\right]\cdot\begin{pmatrix}3\\-2\\7\end{pmatrix} = 0.$$

- **Koordinatengleichung** durch den Punkt P(−1 | 2 | −1) und mit dem Normalenvektor $\vec{n} = \begin{pmatrix}3\\-2\\7\end{pmatrix}$

  Für die Koordinatengleichung gilt: $E:\ ax_1 + bx_2 + cx_3 = d$.

  Damit ergibt sich: $E:\ 3x_1 - 2x_2 + 7x_3 = d$.

  Zur Bestimmung von d setzt man den Punkt P in die Gleichung der Ebene E ein:
  $E:\ 3\cdot(-1) - 2\cdot 2 + 7\cdot(-1) = -14 = d$.

  Somit lautet die Ebenengleichung: $E:\ 3x_1 - 2x_2 + 7x_3 = -14$.

Umwandlung der Darstellungsformen von Ebenen 1

- **Parametergleichung** in **Normalengleichung**

  Parametergleichung: $E\colon \vec{x} = \begin{pmatrix}2\\2\\1\end{pmatrix} + s\cdot\begin{pmatrix}1\\-2\\3\end{pmatrix} + t\cdot\begin{pmatrix}2\\5\\7\end{pmatrix}$

  Bestimme einen Normalenvektor $\vec{n}$, der zu den beiden Spannvektoren $\vec{u}$, $\vec{v}$, senkrecht ist.

  Es gilt:

  $\vec{u}\cdot\vec{n} = 0$ $\qquad$ $\vec{v}\cdot\vec{n} = 0$

  $\begin{pmatrix}1\\-2\\3\end{pmatrix}\cdot\begin{pmatrix}n_1\\n_2\\n_3\end{pmatrix} = 0$ $\qquad$ $\begin{pmatrix}2\\5\\7\end{pmatrix}\cdot\begin{pmatrix}n_1\\n_2\\n_3\end{pmatrix} = 0$

  Hieraus folgt das LGS:

  $$\begin{array}{rcrcrcl|l} 1n_1 & - & 2n_2 & + & 3n_3 & = & 0 & \text{I} \\ 2n_1 & + & 5n_2 & + & 7n_3 & = & 0 & \text{II} \\ \hline 1n_1 & - & 2n_2 & + & 3n_3 & = & 0 & \text{I} \\ & & -9n_2 & + & n_3 & = & 0 & \text{II a} = 2\,\text{I} - \text{II} \end{array}$$

  Aus II a folgt: $n_3 = -9n_2$. Wähle für $n_2 = 1$, so ergibt sich für $n_3 = -9$ und für $n_1 = 25$. Somit lautet die Normalengleichung:

  $E\colon \left[\vec{x} - \begin{pmatrix}2\\2\\1\end{pmatrix}\right]\cdot\begin{pmatrix}25\\1\\9\end{pmatrix} = 0.$

- **Normalengleichung in Koordinatengleichung**

  Zur Koordinatengleichung gelangt man, indem man die Normalengleichung ausrechnet.

  Aus $E\colon \left[\vec{x} - \begin{pmatrix}2\\2\\1\end{pmatrix}\right]\cdot\begin{pmatrix}25\\1\\9\end{pmatrix} = 0$ folgt:

  $25x_1 + 1x_2 + 9x_3 - (2\cdot 25 + 2\cdot 1 + 1\cdot 9) = 0$

  bzw.

  $E\colon 25x_1 + 1x_2 + 9x_3 = 51.$

Umwandlung der Darstellungsformen von Ebenen 2

- **Koordinatengleichung** in **Normalengleichung**

  E: $2x_1 + 5x_2 + 3x_3 = 12$

  Zuerst bestimmt man die Koordinaten des Stützvektors $\vec{p}$.

  Es ist geschickt, zwei Koordinaten als 0 zu wählen, z. B. $x_2 = x_3 = 0$. Die fehlende Koordinate ergibt sich durch Einsetzen in die Koordinatengleichung:

  $2x_1 = 12$, also $x_1 = 6$.

  Damit ergibt sich: $\vec{p} = \begin{pmatrix} 6 \\ 0 \\ 0 \end{pmatrix}$.

  Den Normalenvektor kann man anhand der Koordinatengleichung ablesen:

  $\vec{n} = \begin{pmatrix} 2 \\ 5 \\ 3 \end{pmatrix}$.

  Somit lautet die Normalengleichung: $E: \left[\vec{x} - \begin{pmatrix} 6 \\ 0 \\ 0 \end{pmatrix}\right] \cdot \begin{pmatrix} 2 \\ 5 \\ 3 \end{pmatrix} = 0.$

- **Koordinatengleichung** in **Parametergleichung**

  E: $3x_1 - x_2 + 6x_3 = 12$

  Setzt man $x_1 = 0$ und $x_2 = 0$ in die Koordinatengleichung ein, so erhält man $6x_3 = 12$, also $x_3 = 2$. Der Punkt $A(0\,|\,0\,|\,2)$ liegt somit in E.

  Setzt man $x_2 = 0$ und $x_3 = 0$ in die Koordinatengleichung ein, so erhält man $3x_1 = 12$, also $x_1 = 4$. Der Punkt $B(4\,|\,0\,|\,0)$ liegt somit in E.

  Setzt man $x_1 = 0$ und $x_3 = 0$ in die Koordinatengleichung ein, so erhält man $-x_2 = 12$, also $x_2 = -12$. Der Punkt $C(0\,|\,-12\,|\,0)$ liegt somit in E.

  Die Punkte A, B, C liegen nicht auf einer Geraden.

  Hieraus ergibt sich für die Parametergleichung:

  $E: \vec{x} = \begin{pmatrix} 0 \\ 0 \\ 2 \end{pmatrix} + s \cdot \begin{pmatrix} 4 \\ 0 \\ -2 \end{pmatrix} + t \cdot \begin{pmatrix} 0 \\ -12 \\ -2 \end{pmatrix}.$

Ebenen im Koordinatensystem

- Um Ebenen zu zeichnen, berechnet man die Schnittpunkte der Ebene E mit den Koordinatenachsen. Diese Schnittpunkte nennt man auch **Spurpunkte**. Anschließend verbindet man diese Spurpunkte miteinander.
  Die Schnittgeraden einer Ebene mit den Koordinatenebenen heißen **Spurgeraden**.

- Es können **drei Fälle** auftreten:
  - Die Ebene schneidet alle **drei** Koordinatenachsen: E: $3x_1 + 2x_2 + 6x_3 = 6$.

    Alle Punkte auf der x_1-Achse haben die Koordinaten $x_2 = x_3 = 0$.

    Setzt man dies in die Ebenengleichung ein, so erhält man $x_1 = 2$.

    Der Schnittpunkt mit der x_1-Achse lautet: $S_1(2|0|0)$.

    Für die anderen beiden Achsen ergibt sich: $S_2(0|3|0)$ und $S_3(0|0|1)$.

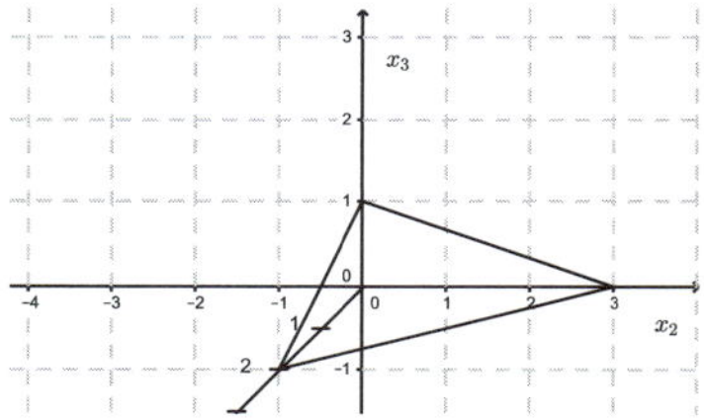

  - Die Ebene schneidet **zwei** Koordinatenachsen: E: $3x_1 + 2x_2 = 6$.

    Wie zuvor bestimmt man die Spurpunkte mit den Koordinatenachsen.

    Die Spurpunkte lauten: $S_1(2|0|0)$ und $S_2(0|3|0)$.

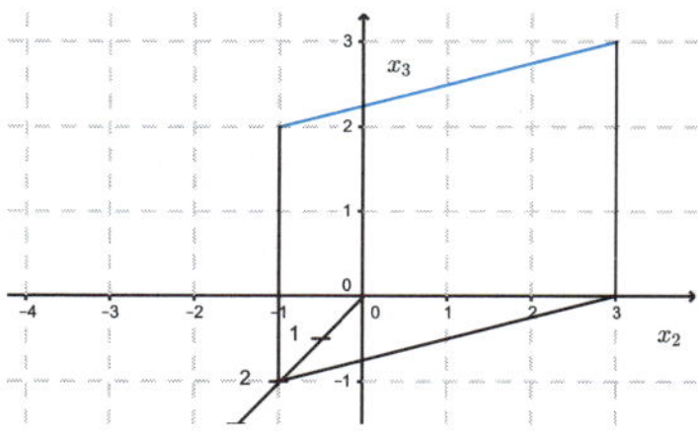

  - Die Ebene schneidet **eine** Koordinatenachse: E: $3x_1 = 6$.

    Die Ebene schneidet die x_1-Achse im Punkt $S_1(2|0|0)$ und ist parallel zur x_2x_3-Ebene.

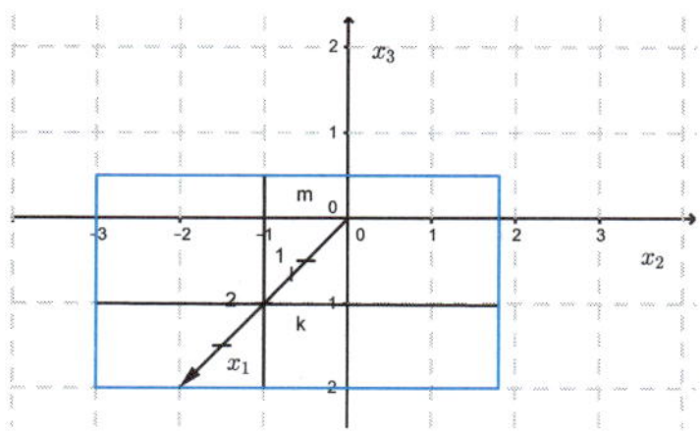

Gegenseitige Lage von Gerade und Ebene

- Eine Gerade und eine Ebene können folgende **Lagebeziehungen** zueinander besitzen:
  - g liegt in E ($g \subset E$),
  - g und E sind echt parallel zueinander ($g \parallel E$),
  - g und E schneiden sich in einem Punkt.

- Je nachdem, in welcher Form die Ebene vorliegt, gibt es unterschiedliche **Vorgehensweisen.**
  - Ebene ist in **Parameterform** gegeben:

    $g\colon\ \vec{x} = \vec{p} + r \cdot \vec{u} \quad (r \in \mathbb{R});\qquad E\colon\ \vec{x} = \vec{q} + s \cdot \vec{v} + t \cdot \vec{w} \quad (s, t \in \mathbb{R}).$

    Man setzt die beiden Vektorgleichungen gleich und erhält ein LGS.
    Hat das LGS genau eine Lösung $L = \{(r; s; t)\}$, so schneiden sie sich in einem Punkt.
    Hat es keine Lösung, so sind sie echt parallel zueinander.
    Hat es unendlich viele Lösungen, so liegt g in E.
  - Ebene ist in **Koordinatenform** gegeben:

    $g\colon\ \vec{x} = \vec{p} + r \cdot \vec{u} \quad (t \in \mathbb{R});\qquad E\colon\ ax_1 + bx_2 + cx_3 = d.$

    Man setzt den Vektor $\vec{x}$ in die Koordinatenform ein und erhält
    $a \cdot (p_1 + ru_1) + b \cdot (p_2 + ru_2) + c \cdot (p_3 + ru_3) = d.$
    Hat die Gleichung genau eine Lösung für r, so schneiden sie sich in einem Punkt.
    Hat sie keine Lösung, so sind sie echt parallel zueinander.
    Hat sie unendlich viele Lösungen, so liegt g in E.

- Sind der Richtungsvektor $\vec{u}$ der Geraden und der Normalenvektor $\vec{n}$ der Ebene senkrecht zueinander, so können die Gerade g und die Ebene E echt parallel sein oder g in E liegen. Liegt g in E, so liegt zusätzlich der Aufpunkt von g in der Ebene.

- Schneiden sich die Gerade g und die Ebene E senkrecht, so sind der Richtungsvektor $\vec{u}$ und der Normalenvektor $\vec{n}$ parallel zueinander.

Untersuchung der Lage von Gerade und Ebene

- Zur Untersuchung der gegenseitigen Lage von Gerade und Ebene ist es einfacher, wenn man die Ebene in die **Koordinatengleichung** umwandelt und die Gerade in die Koordinatengleichung der Ebene einsetzt.

- Untersuche die Gerade g und die Ebene E auf ihre gegenseitige Lage:

  $$g:\ \vec{x} = \begin{pmatrix} 3 \\ 4 \\ 7 \end{pmatrix} + t \cdot \begin{pmatrix} 2 \\ 1 \\ -1 \end{pmatrix} \quad (t \in \mathbb{R}); \qquad E:\ 2x_1 + 5x_2 - x_3 = 49.$$

  Einsetzen von g in die Ebenengleichung:

  $$\begin{aligned} 2 \cdot (3 + 2t) + 5 \cdot (4 + t) - (7 - t) &= 49 \\ 6 + 4t + 20 + 5t - 7 + t &= 49 \\ 10t + 19 &= 49 \\ t &= 3 \end{aligned}$$

  Setzt man $t = 3$ nun in die Geradengleichung g ein, so erhält man den Schnittpunkt der Geraden mit der Ebene:
  $S(9\,|\,7\,|\,4)$.

- Untersuche die Gerade g und die Ebene auf ihre gegenseitige Lage:

  $$g:\ \vec{x} = \begin{pmatrix} 3 \\ 4 \\ 7 \end{pmatrix} + t \cdot \begin{pmatrix} 2 \\ 1 \\ -1 \end{pmatrix} \quad (t \in \mathbb{R}); \qquad E:\ 4x_1 + 2x_2 - 2x_3 = 10.$$

  Betrachtet man den Normalenvektor der Ebene und den Richtungsvektor der Geraden, so erkennt man, dass die beiden Vektoren linear abhängig sind. Somit sind die Gerade und die Ebene entweder echt parallel oder identisch.

  Um dies zu prüfen, setzt man den Stützvektor der Geraden in die Ebenengleichung ein:
  $4 \cdot 3 + 2 \cdot 4 - 2 \cdot 7 = 6 \neq 10.$

  Somit liegt der Aufpunkt der Geraden nicht in der Ebene und die Ebene und die Gerade sind echt parallel.

Gegenseitige Lage von Ebenen

- Zwei Ebenen können folgende **Lagebeziehungen** zueinander besitzen:
  - E und F sind identisch,
  - E und F sind echt parallel zueinander,
  - E und F schneiden sich in einer Geraden.

- Sind die beiden Normalenvektoren $\vec{n}$ und $\vec{m}$ **linear abhängig**, so können die beiden Ebenen E und F echt parallel oder identisch sein. Um dies zu klären, setzt man einen Punkt der Ebene E in die Gleichung der Ebene F ein oder umgekehrt.

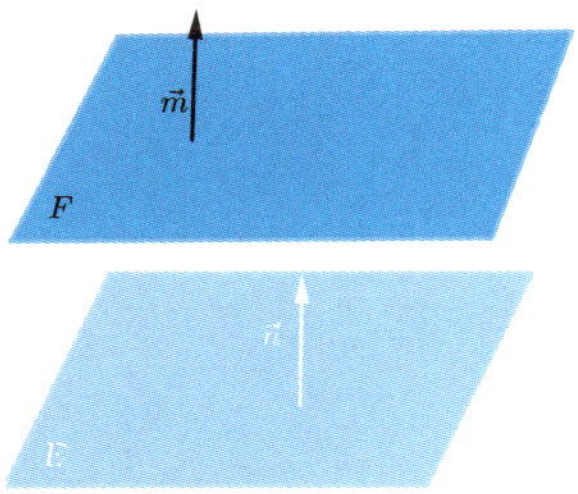

- Sind die beiden Normalenvektoren $\vec{n}$ und $\vec{m}$ **linear unabhängig**, so schneiden sich die Ebenen E und F in einer Geraden, der sogenannten **Schnittgeraden**.

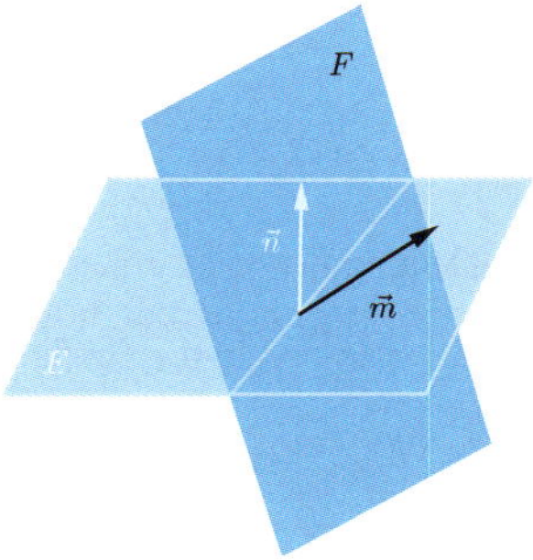

- Liegen beide Ebenengleichungen in **Parameterform** vor, so setzt man die beiden Gleichungen gleich und löst das entstehende LGS.

  Hat das LGS keine Lösung, so sind die beiden Ebenen parallel.

  Hat es unendlich viele Lösungen, so sind die Ebenen identisch oder haben eine Schnittgerade. Welche Lage vorliegt, erkennt man an den Spannvektoren. Sind drei beliebige Spannvektoren linear abhängig, so sind die Ebenen identisch, ansonsten schneiden sie sich in einer Schnittgeraden.

Untersuchung der Lage von zwei Ebenen (Teil 1)

- Untersuche die beiden Ebenen E und F auf ihre gegenseitige Lage:

$$E:\ \vec{x} = \begin{pmatrix}-1\\5\\2\end{pmatrix} + r\cdot\begin{pmatrix}1\\1\\2\end{pmatrix} + s\cdot\begin{pmatrix}-2\\1\\3\end{pmatrix};\qquad F:\ \vec{x} = \begin{pmatrix}1\\3\\2\end{pmatrix} + t\cdot\begin{pmatrix}1\\-2\\0\end{pmatrix} + l\cdot\begin{pmatrix}3\\1\\4\end{pmatrix}.$$

Gleichsetzen und Umstellen der beiden Ebenengleichungen liefert:

$$r\cdot\begin{pmatrix}1\\1\\2\end{pmatrix} + s\cdot\begin{pmatrix}-2\\1\\3\end{pmatrix} - t\cdot\begin{pmatrix}1\\-2\\0\end{pmatrix} - l\cdot\begin{pmatrix}3\\1\\4\end{pmatrix} = \begin{pmatrix}2\\-2\\0\end{pmatrix}.$$

$$\begin{array}{rrrrrrl}
r & -\ 2s & -\ t & -\ 3l & = & 2 & \text{I}\\
r & +\ s & +\ 2t & -\ l & = & -2 & \text{II}\\
2r & +\ 3s & & -\ 4l & = & 0 & \text{III}\\
\hline
r & -\ 2s & -\ t & -\ 3l & = & 2 & \text{I}\\
3r & -\ 3s & & -\ 7l & = & 2 & \text{IIa} = 2\text{I} + \text{II}\\
2r & +\ 3s & & -\ 4l & = & 0 & \text{III}\\
\hline
r & -\ 2s & -\ t & -\ 3l & = & 2 & \text{I}\\
3r & -\ 3s & & -\ 7l & = & 2 & \text{IIa}\\
-2r & -\ 33s & & & = & 8 & \text{IIIa} = 4\text{IIa} - 7\text{III}\\
\hline
\end{array}$$

Aus Gleichung IIIa folgt $r = -4 - \frac{33}{2}s$.

Dies setzt man nun in die Ebenengleichung E ein und erhält:

$$\vec{x} = \begin{pmatrix}-1\\5\\2\end{pmatrix} + \left(-4 - \frac{33}{2}s\right)\cdot\begin{pmatrix}1\\1\\2\end{pmatrix} + s\cdot\begin{pmatrix}-2\\1\\3\end{pmatrix} = \begin{pmatrix}-1\\5\\2\end{pmatrix} - 4\cdot\begin{pmatrix}1\\1\\2\end{pmatrix} - \frac{33}{2}s\cdot\begin{pmatrix}1\\1\\2\end{pmatrix} + s\cdot\begin{pmatrix}-2\\1\\3\end{pmatrix}$$

$$g:\ \vec{x} = \begin{pmatrix}-5\\1\\-6\end{pmatrix} + s\cdot\begin{pmatrix}-\frac{37}{2}\\-\frac{31}{2}\\-30\end{pmatrix}$$

Untersuchung der Lage von zwei Ebenen (Teil 2)

- Untersuche die beiden Ebenen auf ihre gegenseitige Lage:

  E: $3x_1 - 4x_2 + x_3 = 1$; F: $5x_1 + 2x_2 - 3x_3 = 6$.

  Da die Normalenvektoren der Ebenen linear unabhängig sind, schneiden sich die beiden Ebenen in einer Geraden g.

$$\begin{array}{rcrcrcrl} 3x_1 & - & 4x_2 & + & x_3 & = & 1 & \quad \text{I} \\ 5x_1 & + & 2x_2 & - & 3x_3 & = & 6 & \quad \text{II} \\ \hline 3x_1 & - & 4x_2 & + & x_3 & = & 1 & \quad \text{I} \\ 13x_1 & & & - & 5x_3 & = & 13 & \quad \text{IIa} = \text{I} + 2\,\text{II} \\ \hline \end{array}$$

  Aus Gleichung IIa folgt $x_1 = 1 + \frac{5}{13}x_3$. Wählt man nun für $x_3 = t$ und setzt dies in die Koordinatenform von E ein, so erhält man:

  $3\cdot\left(1 + \frac{5}{13}t\right) - 4x_2 + t = 1$ bzw. $x_2 = \frac{1}{2} + \frac{7}{13}t$.

  Damit ergibt sich folgende Geradengleichung:

$$\begin{pmatrix} x_1 \\ x_2 \\ x_3 \end{pmatrix} = \begin{pmatrix} 1 + \frac{5}{13}t \\ \frac{1}{2} + \frac{7}{13}t \\ t \end{pmatrix} \quad \text{bzw.} \quad g:\ \vec{x} = \begin{pmatrix} 1 \\ \frac{1}{2} \\ 0 \end{pmatrix} + t\cdot\begin{pmatrix} \frac{5}{13} \\ \frac{7}{13} \\ 1 \end{pmatrix}.$$

- Untersuche die beiden Ebenen auf ihre gegenseitige Lage:

  E: $x_1 - x_2 + 3x_3 = 12$; F: $\vec{x} = \begin{pmatrix} 8 \\ 0 \\ 2 \end{pmatrix} + r\cdot\begin{pmatrix} -4 \\ 1 \\ 1 \end{pmatrix} + s\cdot\begin{pmatrix} 5 \\ 0 \\ -1 \end{pmatrix}$.

  Setzt man F in E ein, so erhält man:

  $(8 - 4r + 5s) - (r) + 3\cdot(2 + r - s) = 12$, also $s = r - 1$.

  Dies setzt man nun in F ein, so erhält man die folgende Schnittgerade:

$$g:\ \vec{x} = \begin{pmatrix} 3 \\ 0 \\ 3 \end{pmatrix} + r\cdot\begin{pmatrix} 1 \\ 1 \\ 0 \end{pmatrix}.$$

Abstand eines Punktes von einer Ebene

- Für den Abstand zweier Punkte gilt:

$$|\overrightarrow{AB}| = (\vec{b} - \vec{a}) = \sqrt{(b_1 - a_1)^2 + (b_2 - a_2)^2 + (b_3 - a_3)^2}.$$

- Der Abstand eines Punktes P von einer Ebene E ist die kleinste Entfernung von P zu E.

- Es gibt zwei Möglichkeiten den Abstand eines Punktes von einer Ebene zu bestimmen.
  - Bestimmung mithilfe einer **Lotgeraden**:
    Man bestimmt die Gerade h, die senkrecht zur Ebene E ist und durch den Punkt P geht, die sogenannte Lotgerade.
    Der Ortsvektor von P ist der Stützvektor der Geraden h und der Normalenvektor $\vec{n}$ der Ebene E ist der Richtungsvektor von h.
    $h\colon \vec{x} = \vec{p} + t \cdot \vec{n}$
    Dann schneidet man die Lotgerade h mit der Ebene E und erhält den Lotfußpunkt F.
    Der gesuchte Abstand ist nun der Abstand der beiden Punkte P und F
    $d = |\overrightarrow{PF}|$.

  - Bestimmung mithilfe der **Hesse'schen Normalenform**:
    Ist die Ebene in der Hesse'schen Normalenform $E\colon \vec{n_0} \cdot [\vec{x} - \vec{a}] = 0$ oder in der Koordinatenform gegeben, so gilt für den Abstand des Punktes P von der Ebene E:

    Hesse'sche Normalenform:
    $$d(P;E) = |\vec{n_0} \cdot [\vec{p} - \vec{a}]| \quad \text{bzw.} \quad d(P;E) = |\vec{n_0} \circ [\vec{p} - \vec{a}]|,$$

    Koordinatenform:
    $$d(P;E) = \left| \frac{n_1 \cdot p_1 + n_2 \cdot p_2 + n_3 \cdot p_3 - d}{\sqrt{n_1^2 + n_2^2 + n_3^2}} \right|.$$

- Der Abstand zweier paralleler Ebenen E und F kann auf die Berechnung des Abstandes eines Punktes der Ebene E von der Ebene F zurückgeführt werden.

Berechnung des Abstandes eines Punktes von einer Ebene

- Die Berechnung eines Punktes P von einer Ebene E mithilfe einer Lotgeraden bietet sich an, wenn zusätzlich zum Abstand auch der Lotfußpunkt gesucht ist.

- Berechnung mithilfe einer **Lotgeraden**:
  $P(9|4|-3)$; $E: x_1 + 2x_2 + 2x_3 = -3$
  Die Lotgerade hat die Gleichung:

  $$h: \vec{x} = \begin{pmatrix} 9 \\ 4 \\ -3 \end{pmatrix} + t \cdot \begin{pmatrix} 1 \\ 2 \\ 2 \end{pmatrix}.$$

  Einsetzen der Lotgeraden h in die Ebene E ergibt:
  $(9 + t) + 2 \cdot (4 + 2t) + 2 \cdot (-3 + 2t) = -3$ bzw. $t = -\frac{14}{9}$.
  Nun setzt man t in h ein, so erhält man den Lotfußpunkt F: $F\left(\frac{67}{9} \middle| \frac{8}{9} \middle| -\frac{55}{9}\right)$

  Damit ergibt sich für den gesuchten Abstand:

  $$d = |\overrightarrow{FP}| = \left|\begin{pmatrix} -\frac{14}{9} \\ -\frac{28}{9} \\ -\frac{28}{9} \end{pmatrix}\right| = \sqrt{\left(-\frac{14}{9}\right)^2 + \left(-\frac{28}{9}\right)^2 + \left(-\frac{28}{9}\right)^2} = \frac{14}{3}.$$

- Berechnung mithilfe der **Hesse'schen Normalenform**:

  $$P(1|6|2); \quad E: \left[\vec{x} - \begin{pmatrix} -1 \\ 1 \\ 1 \end{pmatrix}\right] \cdot \begin{pmatrix} 1 \\ -2 \\ 4 \end{pmatrix} = 0.$$

  Zuerst bestimmt man die Hesse'sche Normalenform der Ebene E:

  $$E: \left[\vec{x} - \begin{pmatrix} -1 \\ 1 \\ 1 \end{pmatrix}\right] \cdot \begin{pmatrix} 1 \\ -2 \\ 4 \end{pmatrix} \cdot \frac{1}{\sqrt{21}} = 0.$$

  Einsetzen in $d(P;E) = \left|\vec{n_0} \cdot [\vec{p} - \vec{a}]\right|$ liefert den gesuchten Abstand:

  $$d(P;E) = \left|\left[\begin{pmatrix} 1 \\ 6 \\ 2 \end{pmatrix} - \begin{pmatrix} -1 \\ 1 \\ 1 \end{pmatrix}\right] \cdot \begin{pmatrix} 1 \\ -2 \\ 4 \end{pmatrix} \cdot \frac{1}{\sqrt{21}}\right| = \left|(2 - 10 + 4) \cdot \frac{1}{\sqrt{21}}\right| = \frac{4}{\sqrt{21}}.$$

Abstand eines Punktes von einer Geraden

- Der Abstand eines Punktes P von einer Geraden g ist die kleinste Entfernung von P zu g.

- Zur Bestimmung des Abstandes eines Punktes von einer Geraden gibt es mehrere Möglichkeiten:
  - Extremwertbedingung,
  - Orthogonalitätsbedingung,
  - Hilfsebene.

- Bei der **Extremwertbedingung** nimmt man den Lotfußpunkt in allgemeiner Form. Da er auf der Geraden $g: \vec{x} = \vec{q} + t \cdot \vec{u}$ liegt, gilt:
  $F_t(q_1 + tu_1 \,|\, q_2 + tu_2 \,|\, q_3 + tu_3)$.

  Damit ergibt sich der Abstand zum Punkt P als Funktion von t:

  $$d(t) = \left|\overrightarrow{PF_1}\right| = \left|\begin{pmatrix} q_1 + tu_1 - p_1 \\ q_2 + tu_2 - p_2 \\ q_3 + tu_3 - p_3 \end{pmatrix}\right| = \sqrt{(q_1 + tu_1 - p_1)^2 + (q_2 + tu_2 - p_2)^2 + (q_3 + tu_3 - p_3)^2}.$$

  Den kürzesten Abstand bestimmt man nun mithilfe des GTR.

- Bei der **Orthogonalitätsbedingung** nutzt man die Eigenschaft, dass der Abstand des allgemeinen Lotfußpunktes $\left|\overrightarrow{PF_1}\right|$ senkrecht zum Richtungsvektor $\vec{u}$ der Geraden $g: \vec{x} = \vec{q} + t \cdot \vec{u}$ ist.

  Es gilt: $\overrightarrow{PF_1} \cdot \vec{u} = 0$.

- Bei der Methode mit der **Hilfsebene**, stellt man eine Hilfsebene H auf, die durch den Punkt P geht und senkrecht zur Geraden g ist. Damit ist der Vektor $\overrightarrow{OP}$ der Stützvektor der Ebene und der Richtungsvektor der Geraden der Normalenvektor der Ebene.
  Schneidet man die Hilfsebene H mit der Geraden g, erhält man den Lotfußpunkt F.
  Zum Schluss bestimmt man noch den Abstand des Punktes P zum Lotfußpunkt $d = \left|\overrightarrow{PF}\right|$.

Bestimmung des Abstandes Punkt – Gerade

- Bestimmung des Abstandes mithilfe der **Orthogonalitätsbedingung**:

$$g:\ \vec{x} = \begin{pmatrix} 2 \\ 1 \\ 4 \end{pmatrix} + s \cdot \begin{pmatrix} 3 \\ 0 \\ -2 \end{pmatrix} \quad (s \in \mathbb{R}); \quad S(6\,|\,7\,|\,-3)$$

Da der Lotfußpunkt auf der Geraden g liegt, gilt: $F_S(2+3s\,|\,1\,|\,4-2s)$.

Der Abstand des gesuchten Vektors $\overrightarrow{PF_S} = \begin{pmatrix} -4+3s \\ -6 \\ 7-2s \end{pmatrix}$ steht senkrecht zum Richtungsvektor der Geraden.

D.h. es gilt: $\begin{pmatrix} -4+3s \\ -6 \\ 7-2s \end{pmatrix} \cdot \begin{pmatrix} 3 \\ 0 \\ -2 \end{pmatrix} = 0$ bzw. $3 \cdot (-4+3s) + (-2) \cdot (7-2s) = 0$.

Aufgelöst nach s folgt: $s = 2$.
Setzt man dies in den gesuchten Abstand ein, so folgt:

$$\left|\overrightarrow{PF_S}\right| = \left|\begin{pmatrix} 2 \\ -6 \\ 3 \end{pmatrix}\right| = \sqrt{(2)^2 + (-6)^2 + (3)^2} = 7.$$

- Bestimmung des Abstandes mittels **Hilfsebene**:

$$g:\ \vec{x} = \begin{pmatrix} -1 \\ 1 \\ -7 \end{pmatrix} + t \cdot \begin{pmatrix} 2 \\ -1 \\ 2 \end{pmatrix}; \quad P(9\,|\,11\,|\,6)$$

Da die Hilfsebene durch den Punkt P geht und senkrecht zur Geraden steht, ergibt sich folgende Gleichung in Normalenform:

$$H:\ \left[\vec{x} - \begin{pmatrix} 9 \\ 11 \\ 6 \end{pmatrix}\right] \cdot \begin{pmatrix} 2 \\ -1 \\ 2 \end{pmatrix} = 0$$

Die Koordinatenform der Ebene lautet: $H:\ 2x_1 - x_2 + 2x_3 = 19$.
Einsetzen von g in die Ebenengleichung
$2 \cdot (-1+2t) - (1-t) + 2 \cdot (-7+2t) = 19$ liefert $t = 4$.
Dies setzt man nun in g ein und erhält den Schnittpunkt $S(7\,|\,-3\,|\,1)$.

Abstand windschiefer Geraden

- Der Abstand zweier windschiefer Geraden g und h ist die kleinste Entfernung zwischen den Punkten von g und den Punkten von h. Zur Bestimmung des Abstandes eines Punktes von einer Geraden gibt es zwei Möglichkeiten:
  - Orthogonalitätsbedingung,
  - Hilfsebene.

- Bei der **Orthogonalitätsbedingung** nutzt man die Eigenschaft, dass der Vektor der beiden Punkte $A \in g$ und $B \in h$ senkrecht zu den Richtungsvektoren $\vec{u}$ der Geraden $g\colon \vec{x} = \vec{q} + t \cdot \vec{u}$ und $\vec{v}$ der Geraden $h\colon \vec{x} = \vec{p} + s \cdot \vec{u}$ ist.

  Da $A \in g$ und $B \in h$, erhält man die Koordinaten von A in Abhängigkeit von t und die von B in Abhängigkeit von s.

  Aus $\overrightarrow{AB} \cdot \vec{u} = 0$ und $\overrightarrow{AB} \cdot \vec{v} = 0$ erhält man ein LGS für s und t. Dies führt wiederum auf die Punkte A und B.

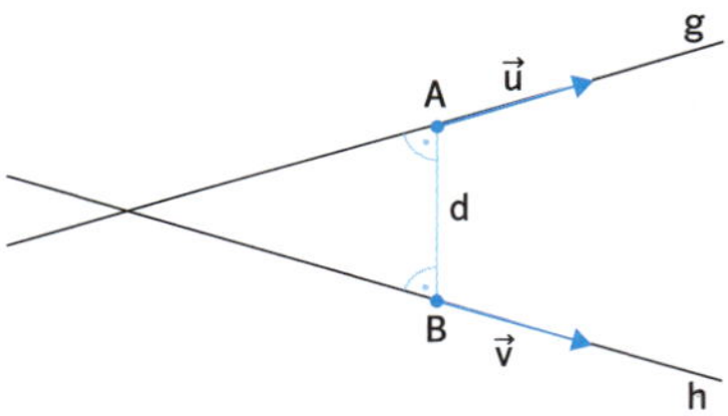

- Bei der Methode mit der **Hilfsebene**, stellt man eine Hilfsebene H auf, die durch den Punkt $P \in g$ geht und parallel zur Geraden h ist. Damit ist der Vektor $\overrightarrow{OP}$ der Stützvektor und die Richtungsvektoren der Geraden g und h die Spannvektoren der Ebene H. Man erhält eine Parameterform der Hilfsebene.

  Wandelt man diese nun in die Hesse'sche Normalenform um, so kann man mit der Formel
  $d(Q;E) = \left|\vec{n_0} \cdot \left[\vec{q} - \vec{a}\right]\right|$
  bzw.
  $d(Q;E) = \left|\vec{n_0} \circ \left[\vec{q} - \vec{a}\right]\right|$
  den Abstand eines Punktes $Q \in h$ von der Hilfsebene H berechnen.

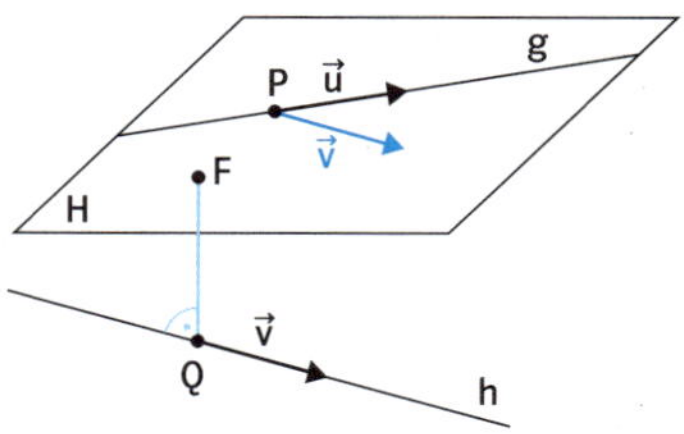

Winkel zwischen Vektoren

- Unter dem Winkel φ zwischen den Vektoren $\vec{a}$ und $\vec{b}$ versteht man den kleineren der Winkel zwischen den Pfeilen der Vektoren mit gleichem Anfangspunkt. Der Winkel ist kleiner oder gleich 180°.

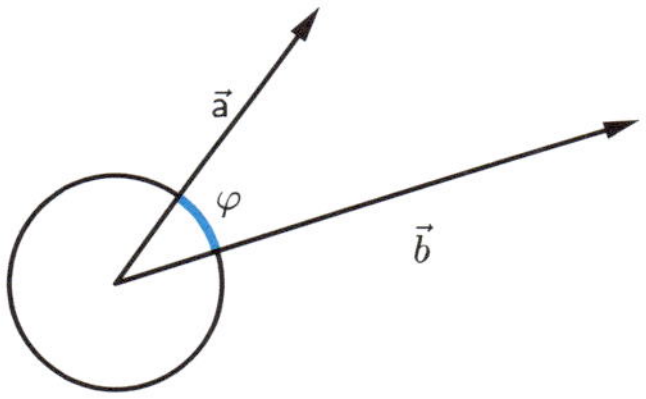

- Den Winkel zwischen zwei Vektoren berechnet man mithilfe des Skalarproduktes $\vec{a} \cdot \vec{b} = |\vec{a}| \cdot |\vec{b}| \cdot \cos\varphi$ oder $\vec{a} \circ \vec{b} = |\vec{a}| \cdot |\vec{b}| \cdot \cos\varphi$.

- Ist φ der Winkel zwischen den Vektoren $\vec{a}$ und $\vec{b}$, so gilt:

$$\cos\varphi = \frac{\vec{a} \cdot \vec{b}}{|\vec{a}| \cdot |\vec{b}|} \quad \text{oder} \quad \cos\varphi = \frac{\vec{a} \circ \vec{b}}{|\vec{a}| \cdot |\vec{b}|}.$$

- **Sonderfälle:**
  - Sind die beiden Vektoren $\vec{a}$ und $\vec{b}$ parallel und haben die gleiche Richtung, dann gilt für den Winkel zwischen den beiden Vektoren:
    $\varphi = 0°$.
  - Sind die beiden Vektoren $\vec{a}$ und $\vec{b}$ parallel und haben entgegengesetzte Richtungen, dann gilt für den Winkel zwischen den beiden Vektoren:
    $\varphi = 180°$.

- Beträgt der Winkel zwischen den beiden Vektoren $\vec{a}$ und $\vec{b}$ 90°, so hat das Skalarprodukt den Wert 0:

$$\vec{a} \cdot \vec{b} = 0 \quad \text{oder} \quad \vec{a} \circ \vec{b} = 0.$$

Schnittwinkel Gerade – Gerade und Gerade – Ebene

- **Schnittwinkel zwischen Geraden:**
  Schneiden sich zwei Geraden g und h so entstehen dabei vier Winkel. Dabei sind gegenüberliegende Winkel gleich groß. Der Winkel, für den gilt $0° \leqq \alpha \leqq 90°$, ist der gesuchte Schnittwinkel (daher steht auch im Zähler der Betrag).
  Für den Winkel zwischen zwei Geraden mit den Richtungsvektoren $\vec{a}$ und $\vec{b}$ gilt:

$$\cos\varphi = \frac{\vec{a}\cdot\vec{b}}{|\vec{a}|\cdot|\vec{b}|} \quad \text{oder} \quad \cos\varphi = \frac{\vec{a}\circ\vec{b}}{|\vec{a}|\cdot|\vec{b}|}.$$

- **Schnittwinkel zwischen Gerade und Ebene:**
  Unter dem Schnittwinkel zwischen der Geraden g und der Ebene E versteht man den Schnittwinkel α zwischen der Geraden g und s. Dabei ist s die Gerade, die man erhält, wenn man von jedem Punkt der Geraden g das Lot auf die Ebene E fällt.
  Zur Bestimmung dieses Winkels geht man einen kleinen Umweg. Man bestimmt zuerst den Winkel zwischen dem Normalenvektor $\vec{n}$ der Ebene E und dem Richtungsvektor $\vec{u}$ der Geraden g.
  Da der Normalenvektor senkrecht auf der Geraden s steht, ergibt sich somit für den gesuchten Schnittwinkel:

$$\cos(90° - \alpha) = \frac{|\vec{u}\cdot\vec{n}|}{|\vec{u}|\cdot|\vec{n}|} \quad \text{oder} \quad \cos(90° - \alpha) = \frac{\vec{a}\circ\vec{b}}{|\vec{a}|\cdot|\vec{b}|}.$$

  bzw. mit der Bedingung $\cos(90° - \alpha) = \sin\alpha$

$$\sin\alpha = \frac{|\vec{u}\cdot\vec{n}|}{|\vec{u}|\cdot|\vec{n}|} \quad \text{oder} \quad \sin\alpha = \frac{|\vec{u}\circ\vec{n}|}{|\vec{u}|\cdot|\vec{n}|}.$$

- Schnittwinkel
  zwischen zwei Geraden

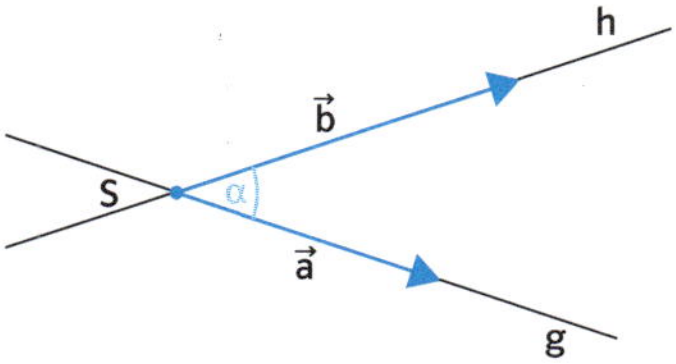

zwischen Gerade und Ebene

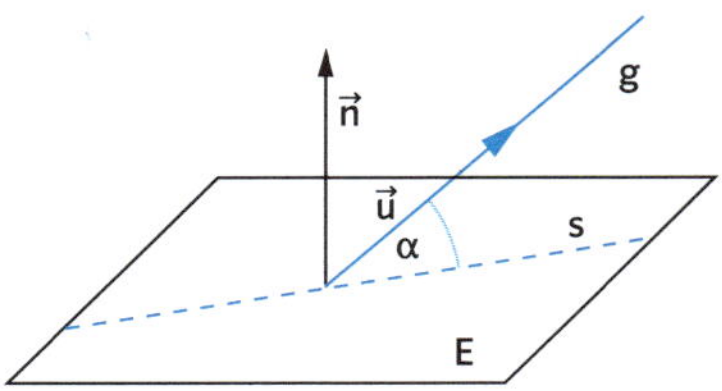

Schnittwinkel Ebene – Ebene

- Unter dem Schnittwinkel zweier Ebenen E_1 und E_2 versteht man den Schnittwinkel der Geraden s_1 und s_2.

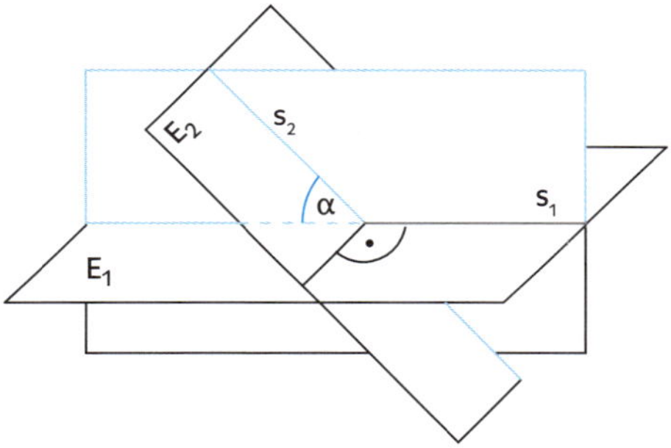

- Da der Winkel zwischen den Geraden s_1 und s_2 identisch ist mit dem Winkel zwischen den Normalenvektoren $\overrightarrow{n_1}$ und $\overrightarrow{n_2}$ der beiden Ebenen E_1 und E_2, berechnet man diesen Winkel.

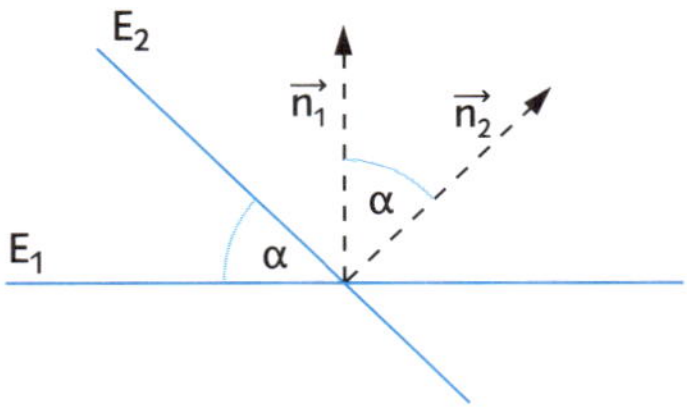

- Für den Winkel zwischen den Normalenvektoren $\overrightarrow{n_1}$ und $\overrightarrow{n_2}$, also dem Schnittwinkel der beiden Ebenen, gilt:

$$\cos\alpha = \frac{|\overrightarrow{n_1}\cdot\overrightarrow{n_2}|}{|\overrightarrow{n_1}|\cdot|\overrightarrow{n_2}|} \quad \text{oder} \quad \cos\alpha = \frac{\overrightarrow{n_1}\circ\overrightarrow{n_2}}{\overrightarrow{n_1}\cdot\overrightarrow{n_2}}.$$

Spiegelung und Symmetrie (Teil 1)

- Ein **Punkt P** kann an einem anderen Punkt Q, einer Geraden g oder an einer Ebene E gespiegelt werden.

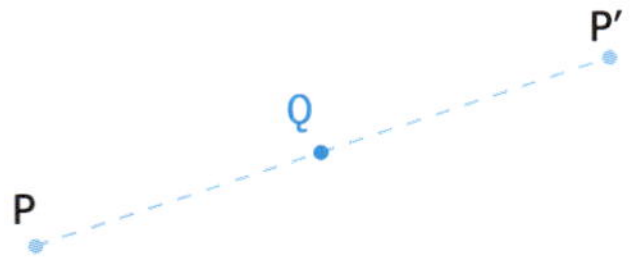

Fig. 1

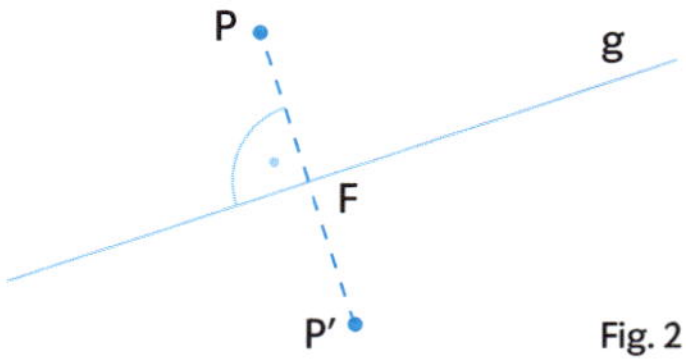

Fig. 2

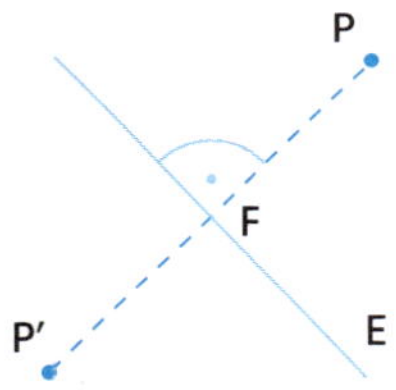

Fig. 3

- **Punktspiegelung:**
  Wird der Punkt P an einem Punkt Q gespiegelt (Fig. 1), so liegen alle drei Punkte P, Q, P' auf einer Geraden und es gilt: $|\overrightarrow{PQ}| = |\overrightarrow{QP'}|$.

  Deshalb gilt für den Ortsvektor des Punktes P':
  $$\overrightarrow{OP'} = \overrightarrow{OP} + \overrightarrow{PP'} = \overrightarrow{OP} + 2\,\overrightarrow{PQ}.$$

- **Spiegelung an einer Geraden:**
  Wird der Punkt P an der Geraden g gespiegelt (Fig. 2), so liegen P und P' in der Hilfsebene H, die senkrecht zur Geraden g liegt. Der Ortsvektor $\overrightarrow{OP}$ ist der Stützvektor der Ebene H und der Richtungsvektor der Geraden g ist der Normalenvektor der Ebene. Schneidet man H mit g, so erhält man den **Lotfußpunkt F**. Nun hat man die gleiche Situation wie bei einer Punktspiegelung und es gilt:
  $\overrightarrow{OP'} = \overrightarrow{OP} + 2\,\overrightarrow{PF}$.

Spiegelung und Symmetrie (Teil 2)

- **Spiegelung an einer Ebene:**
  Wird der Punkt P an einer Ebene gespiegelt (Fig. 3, vorige Seite), so liegen P und P′ auf einer Geraden g, die senkrecht zur Ebene E liegt. Der Ortsvektor $\overrightarrow{OP}$ ist der Stützvektor der Geraden g und der Normalenvektor von E ist der Richtungsvektor von g. Schneidet man E mit g, so erhält man den Lotfußpunkt F. Nun hat man die gleiche Situation wie bei einer Punktspiegelung und es gilt:
  $$\overrightarrow{OP'} = \overrightarrow{OP} + 2\,\overrightarrow{PF}.$$

- **Beispiel:**
  Der Punkt P(−1 | −3 | 5) wird an der Ebene E gespiegelt. Sein Bildpunkt hat die Koordinaten P′(6 | 0 | 5).
  Um die Symmetrieebene E zu bestimmen, bestimmt man zuerst den Mittelpunkt M der Strecke $\overrightarrow{PP'}$.

  Es gilt:
  $$\overrightarrow{OM} = \overrightarrow{OP} + \frac{1}{2}\,\overrightarrow{PP'} = \begin{pmatrix} -1 \\ -3 \\ 5 \end{pmatrix} + \frac{1}{2}\begin{pmatrix} 7 \\ 3 \\ 0 \end{pmatrix} = \begin{pmatrix} 2{,}5 \\ -1{,}5 \\ 5 \end{pmatrix}$$

  Als Normalenvektor der Ebene verwendet man den Vektor $\overrightarrow{PP'}$.
  Damit ergibt sich für die Symmetrieebene die folgende Gleichung:

  $$E\colon \left[\vec{x} - \begin{pmatrix} 2{,}5 \\ -1{,}5 \\ 5 \end{pmatrix}\right] \cdot \begin{pmatrix} 7 \\ 3 \\ 0 \end{pmatrix} = 0.$$

Grundbegriffe der Wahrscheinlichkeitsrechnung

- Bei einem **Zufallsexperiment** handelt es sich um ein Experiment mit folgenden Eigenschaften:
  - Es gibt mehrere Ergebnisse.
  - Man weiß vor der Durchführung des Experimentes, welche Ergebnisse eintreten können. Diese möglichen Ergebnisse fasst man in der **Ergebnismenge** S zusammen.
  - Man weiß vor der Durchführung des Experimentes nicht, welches Ereignis der Ergebnismenge eintreten wird.
  - Es können nie zwei Ergebnisse gleichzeitig eintreten.
  - Das Zufallsexperiment kann man unter den gleichen Voraussetzungen beliebig oft wiederholen.

- Eine Teilmenge der Ergebnismenge nennt man **Ereignis** oder Ereignismenge.

- Das Gegenereignis $\overline{A}$ gibt die Ereignisse der Ergebnismenge an, die nicht zu A gehören.

- Die **Wahrscheinlichkeit** gibt an, wie groß die Chance ist, dass ein bestimmtes Ereignis eintritt.
  Bei manchen Zufallsexperimenten kann man die Wahrscheinlichkeit nicht sofort angeben. Man muss das Experiment wiederholt durchführen und zählen, wie oft das bestimmte Ereignis eintritt. Diese Anzahl nennnt man **absolute Häufigkeit.**
  Dividiert man die absolute Häufigkeit durch die Anzahl der durchgeführten Versuche, so erhält man die **relative Häufigkeit.** Bei einer sehr großen Anzahl von Versuchen nähert sich die relative Häufigkeit einem stabilen Wert an, der Wahrscheinlichkeit.
  Die Wahrscheinlichkeit kann nie größer als 1 sein. Die Wahrscheinlichkeiten aller Ergebnisse zusammenaddiert ergeben 1.

Laplace-Experiment

- Treten bei einem Zufallsexperiment alle Ergebnisse mit der **gleichen Wahrscheinlichkeit** auf, so nennt man es ein Laplace-Experiment.

- Hat das Experiment n mögliche Ergebnisse, so beträgt die Wahrscheinlichkeit eines Ergebnisses: $\frac{1}{n}$.

- Gibt es für ein Ereignis A mehrere Ergebnisse, so gilt die Laplace-Formel:

$$P(A) = \frac{\text{Anzahl der Ergebnisse, bei denen A eintritt}}{\text{Anzahl der möglichen Ergebnisse}}.$$

- **Beispiele:**
  Das Werfen eines Würfels ist ein Laplace-Experiment, da jede Zahl mit der gleichen Wahrscheinlichkeit $\frac{1}{6}$ auftritt.
  Das Werfen eines Reißnagels ist kein Laplace-Experiment, da der Reißnagel mit einer Wahrscheinlichkeit mit 0,6 auf den Kopf und mit einer Wahrscheinlichkeit mit 0,4 auf die Seite fällt.

Berechnen von Wahrscheinlichkeiten

- **Summenregel:**
  Um die Wahrscheinlichkeit eines Ereignisses zu berechnen, addiert man die Wahrscheinlichkeiten der einzelnen Ergebnisse.

- **Pfadregel:**
  Zufallsexperimente sind meistens mehrstufig, d.h. man führt ein **Teilexperiment** mehrfach aus.
  Die Wahrscheinlichkeit für ein solches mehrstufiges Zufallsexperiment erhält man, indem man die Wahrscheinlichkeiten längs eines Pfades multipliziert.
  Solche mehrstufigen Zufallsexperimente kann man als Pfade in einem **Baumdiagramm** darstellen.

- **Beispiel:**
  In einer Urne befinden sich zwei Kugeln (rot und blau). Es wird zweimal gezogen. Nach jedem Zug wird die Kugel wieder zurückgelegt und das Ergebnis notiert.

  Es ergibt sich folgendes Baumdiagramm:

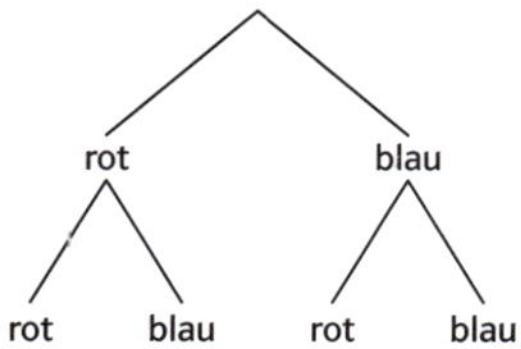

Ergebnismenge: rot – r; blau – b
S = {rr; rb; br; bb}

Die Wahrscheinlichkeit für das aufeinanderfolgende Auftreten einer roten und einer blauen Kugel beträgt:

P(einmal rot und einmal blau) = P(rb) + P(br)

$$= \frac{1}{2} \cdot \frac{1}{2} + \frac{1}{2} \cdot \frac{1}{2}$$
$$= \frac{1}{4} \cdot \frac{1}{4} = \frac{1}{2}.$$

Zusammengesetzte Ereignisse

- Die folgende Tabelle stellt zusammengesetzte Ereignisse dar:

Sprechweisen	Symbol	Mengenbild
A und B tritt ein, wenn sowohl A als auch B eintritt.	$A \cap B$	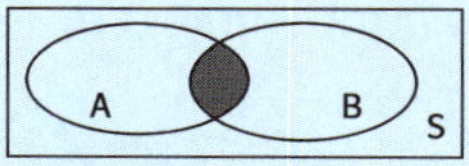
A oder B tritt ein, wenn mindestens eines der beiden Ereignisse A, B eintritt.	$A \cup B$	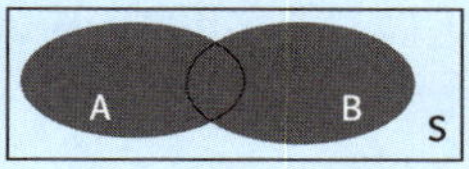
$\overline{\mathbf{A}}$ tritt ein, wenn A nicht eintritt.	$\overline{A}$	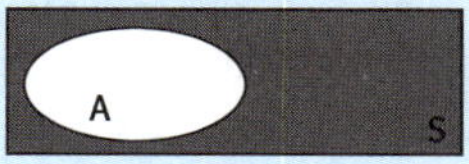

Auch das zusammengesetzte Ereignis C, **entweder A oder B** tritt ein, lässt sich in der obigen Weise darstellen:

$C = (A \cap \overline{B}) \cup (\overline{A} \cap B)$

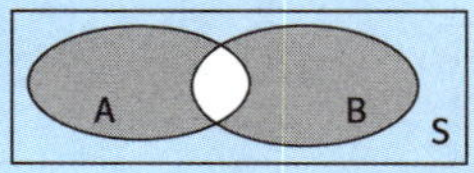

Gegenereignisse (Gesetze von de Morgan)
Gegenereignis von $A \cap B$: $\overline{A \cap B} = \overline{A} \cup \overline{B}$
Gegenereignis von $A \cup B$: $\overline{A \cup B} = \overline{A} \cap \overline{B}$

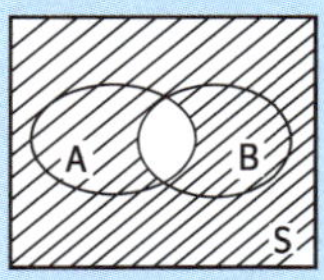

$\overline{A \cap B}$

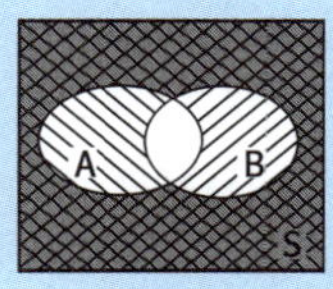

$\overline{A} \cap \overline{B}$

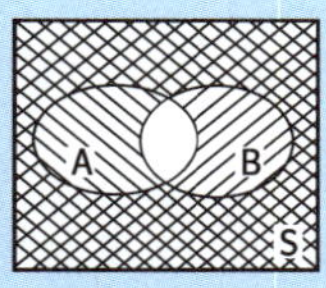

$\overline{A} \cup \overline{B}$

- Können zwei Ergebnisse nicht gleichzeitig eintreten, also $A \cap B = \{\ \}$, so heißen A und B disjunkt oder unvereinbar. Man sagt auch „A und B schließen sich aus“.

Additionssatz

- Mithilfe des Additionssatzes berechnet man die Wahrscheinlichkeit, dass entweder nur das Ereignis A oder nur das Ereignis B eintritt.

- Für zwei beliebige Ereignisse A und B gilt der **Additionssatz**:
  $P(A \cup B) = P(A) + P(B) - P(A \cap B)$.

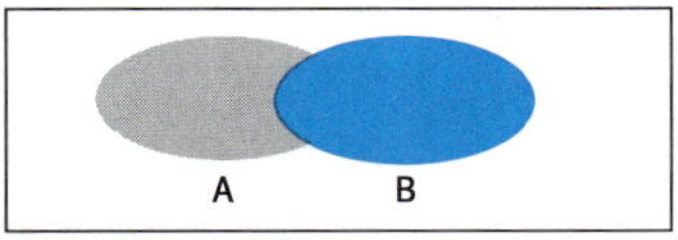

- Schließen sich zwei Ereignisse A und B aus, d.h. $A \cap B = \{\ \}$, so vereinfacht sich der Additionssatz zu:
  $P(A \cup B) = P(A) + P(B)$.
  Dieser Satz wird auch **spezieller Additionssatz** genannt.

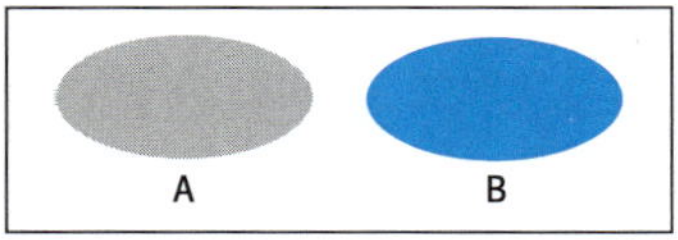

Multiplikationssatz

- Mithilfe des Multiplikationssatzes berechnet man die Wahrscheinlichkeit, dass die Ereignisse A und B gemeinsam eintreten.

- Man unterscheidet den allgemeinen Multiplikationssatz für zwei Ereignisse und den speziellen Multiplikationssatz für zwei Ereignisse.

- Für den allgemeinen Multiplikationssatz gilt:

$$P(A \cap B) = P(A) \cdot P_A(B).$$

- Der **allgemeine Multiplikationssatz** ergibt sich aus der Formel für bedingte Wahrscheinlichkeiten

$$P_A(B) = \frac{P(A \cap B)}{P(A)}.$$

Unter der bedingten Wahrscheinlichkeit versteht man die Wahrscheinlichkeit von B unter der Bedingung, dass A bereits eingetreten ist.

- Ist die Wahrscheinlichkeit eines Ereignisses B unabhängig von der Wahrscheinlichkeit eines Ereignisses A, d.h. $P_A(B) = P(B)$, so erhält man den **speziellen Multiplikationssatz**:

$$P(A \cap B) = P(A) \cdot P(B).$$

- **Beispiel:**

Ein idealer Würfel wird zweimal geworfen. Wie groß ist die Wahrscheinlichkeit, dass der 1. Wurf eine 4 und der 2. Wurf eine gerade Zahl zeigt?

Da sich die beiden Ereignisse nicht gegenseitig beeinflussen, gilt der spezielle Multiplikationssatz.

Für die Wahrscheinlichkeit des Eintretens von Ereignis A:
der 1. Wurf zeigt eine 4, folgt: $P(A) = \frac{1}{6}$.
Für die Wahrscheinlichkeit des Eintretens von Ereignis B:
der 2. Wurf zeigt eine gerade Zahl, folgt: $P(B) = \frac{3}{6} = \frac{1}{2}$.
Damit ergibt sich für die gesuchte Wahrscheinlichkeit:

$$P(A \cap B) = P(A) \cdot P(B) = \frac{1}{6} \cdot \frac{1}{2} = \frac{1}{12}.$$

Unabhängigkeit von Ereignissen

- Ereignisse nennt man unabhängig von einander, wenn das Eintreten des einen die Wahrscheinlichkeit des anderen nicht beeinflusst. Im umgekehrten Fall nennt man sie abhängig.

- Zwei Ereignisse A und B sind unabhängig voneinander, wenn der **spezielle Multiplikationssatz** gilt:

  $$P(A \cap B) = P(A) \cdot P(B).$$

- Die Unabhängigkeit und das Sichausschließen sind zwei unterschiedliche Sachverhalte.
  Das Sichausschließen kann man in einem Mengenbild veranschaulichen. Bei der Unabhängigkeit dagegen handelt es sich um eine Eigenschaft der Wahrscheinlichkeiten von A und B.

- **Beispiel:**
  Tina kommt auf ihrem Weg zur Schule an zwei Ampeln A_1 und A_2 vorbei, die unabhängig voneinander arbeiten. Sie stellt fest, dass A_1 in 75 % und A_2 in 40 % ihrer Fahrten grün zeigt. Berechne die Wahrscheinlichkeiten der folgenden Ereignisse:

  - Beide Ampeln zeigen grün.
    Wahrscheinlichkeit, dass die Ampel A_1 grün zeigt: $P(A_1) = 0{,}75$.
    Wahrscheinlichkeit, dass die Ampel A_2 grün zeigt: $P(A_2) = 0{,}40$.
    Damit folgt für die gesuchte Wahrscheinlichkeit:

    $$P(A_1 \cap A_2) = P(A_1) \cdot P(A_2) = 0{,}75 \cdot 0{,}40 = 0{,}3.$$

  - Höchstens eine der Ampeln zeigt grün.
    Die gesuchte Wahrscheinlichkeit setzt sich zusammen aus der Wahrscheinlichkeit B: „genau eine der Ampeln zeigt grün" und der Wahrscheinlichkeit D: „beide Ampeln zeigen rot" zusammen.

    Für B gilt: $$\begin{aligned} P(B) &= P(A_1) \cdot P\left(\overline{A_2}\right) + P\left(\overline{A_1}\right) \cdot P\left(\overline{A_2}\right) \\ &= 0{,}75 \cdot 0{,}60 + 0{,}25 \cdot 0{,}40 \\ &= 0{,}55. \end{aligned}$$

    Für D gilt: $P(D) = 0{,}25 \cdot 0{,}60 = 0{,}15.$

    Damit ergibt sich für die gesuchte Wahrscheinlichkeit:

    $$\begin{aligned} P(\text{höchstens eine Ampel grün}) &= P(B) + P(D) \\ &= 0{,}55 + 0{,}15 \\ &= 0{,}70. \end{aligned}$$

Kenngrößen der Statistik

- In der Statistik hat man es mit endlich oder unendlich vielen **Einzelerscheinungen** zu tun. Diese Einzelerscheinungen haben alle ein bestimmtes Merkmal und werden in der **Grundgesamtheit** zusammengefasst.
  Da oft die Anzahl der Elemente in der Grundgesamtheit zu groß ist, verwendet man eine Anzahl von Elementen, die die Eigenschaften ausreichend repräsentiert.
  Diese Teilmenge heißt **Stichprobe.** Die Auswahl der Elemente muss zufällig erfolgen.

- Die in den Stichproben erfassten Daten werden mittels der Kenngrößen Mittelwert und Standardabweichung beschrieben.

- Ist eine **Urliste** $x_1, x_2, \dots, x_n$ gegeben, so gilt
  - für den **Mittelwert:**

    $$\overline{x} = \frac{x_1 + x_2 + \dots + x_n}{n},$$

  - für die empirische **Standardabweichung:**

    $$s = \sqrt{\frac{1}{n}\left((x_1 - \overline{x})^2 + (x_2 - \overline{x})^2 + \dots + (x_n - \overline{x})^2\right)}.$$

    Die Standardabweichung ist ein Maß für die **Messungenauigkeit.**

- Liegt eine **relative Häufigkeitsverteilung** mit den Werten $m_1, m_2, \dots, m_k$ und den relativen Häufigkeiten $h_1, h_2, \dots, h_k$ vor, so gilt:
  - für den **Mittelwert:**

    $$\overline{x} \approx m_1 \cdot h_1 + m_2 \cdot h_2 + \dots + m_k \cdot h_k,$$

  - für die empirische **Standardabweichung:**

    $$s \approx \sqrt{(m_1 - \overline{x})^2 \cdot h_1 + (m_2 - \overline{x})^2 \cdot h_2 + \dots + (m_k - \overline{x})^2 \cdot h_k}.$$

Bestimmung der Kenngrößen der Statistik

- In einer Klasse mit 24 Schülern wurde eine Klausur geschrieben. Dabei sind folgende Notenpunkte aufgetreten:
  11, 12, 5, 6, 3, 14, 7, 9, 10, 7, 9, 11, 12, 13, 3, 4, 7, 9, 10, 12, 11, 10, 11, 4.

  Damit ergibt sich für den **Mittelwert**:

  $$\overline{x} = \frac{11 + 12 + 5 + 6 + 3 + \ldots + 7 + 9 + 10 + 12 + 11 + 10 + 11 + 4}{24} = \frac{210}{24} = 8{,}75$$

  und für die empirische **Standardabweichung**:

  $$s = \sqrt{\frac{1}{24}\left((11 - 8{,}75)^2 + (12 - 8{,}75)^2 + \ldots + (4 - 8{,}75)^2\right)} \approx 3{,}19.$$

  Ist eine **Häufigkeitsverteilung** angegeben, so kann man auch damit den Mittelwert und die Standardabweichung bestimmen.

Notenpunkte	absolute Häufigkeit	relative Häufigkeit
3	2	$0{,}08\overline{3}$
4	2	$0{,}08\overline{3}$
5	1	$0{,}041\overline{6}$
6	1	$0{,}041\overline{6}$
7	3	0,125
9	3	0,125
10	3	0,125
11	4	$0{,}1\overline{6}$
12	3	0,125
13	1	$0{,}041\overline{6}$
14	1	$0{,}041\overline{6}$

  Mithilfe dieser Häufigkeitstabelle ergibt sich für den **Mittelwert**:

  $$\overline{x} = 3 \cdot 0{,}08\overline{3} + 4 \cdot 0{,}08\overline{3} + 5 \cdot 0{,}041\overline{6} + 6 \cdot 0{,}041\overline{6} + \ldots + 13 \cdot 0{,}041\overline{6} + 14 \cdot 0{,}041\overline{6} = 8{,}75.$$

  und für die empirische **Standardabweichung**:

  $$s = \sqrt{\frac{1}{24}(3 - 8{,}75)^2 \cdot 0{,}08\overline{3} + (4 - 8{,}75)^2 \cdot 0{,}08\overline{3} + \ldots + (14 - 8{,}75)^2 \cdot 0{,}041\overline{6}} \approx 3{,}19.$$

Erwartungswert und Standardabweichung

- Verwendet man die Wahrscheinlichkeitsverteilung als Modell, so verwendet man theoretische Kenngrößen.
  Diese theoretischen Kenngrößen sind der **Erwartungswert** μ und die **Standardabweichung** σ. Sie ermöglichen eine Prognose für den Mittelwert und die empirische Standardabweichung.

- Für eine Zufallsgröße X mit den Werten $x_1, x_2, \ldots, x_n$ sind folgende Kenngrößen definiert:
  - Erwartungswert von X:
    $\mu = x_1 \cdot P(X = x_1) + x_2 \cdot P(X = x_2) + \ldots + x_n \cdot P(X = x_n)$ und
  - Standardabweichung von X:
    $\sigma = \sqrt{(x_1 - \mu)^2 \cdot P(X = x_1) + (x_2 - \mu)^2 \cdot P(X = x_2) + \ldots + (x_n - \mu)^2 \cdot P(X = x_n)}$.

- Mit Hilfe des Erwartungswertes und der Standardabweichung einer Wahrscheinlichkeitsverteilung kann man den Mittelwert und die empirische Standardabweichung einer zu erwartenden **Häufigkeitsverteilung** vorhersagen.

Bernoulli-Experiment

- Haben Zufallsexperimente nur **zwei Ergebnisse**, so werden sie Bernoulli-Experiment genannt. Die beiden Ergebnisse werden mit Treffer und Niete bezeichnet. Bezeichnet man die Wahrscheinlichkeit für einen **Treffer** mit p und für eine **Niete** mit q, so gilt: $q = 1 - p$.

- Besteht ein Zufallsexperiment aus n unabhängigen Wiederholungen desselben Bernoulli-Experimentes, so nennt man es eine **Bernoulli-Kette** der Länge n.

- Ist eine Bernoulli-Kette der Länge n mit der Trefferwahrscheinlichkeit p gegeben und gibt die Zufallsvariable X die Anzahl der Treffer k an, so gilt für die Wahrscheinlichkeit:

  $$P(X = k) = \binom{n}{k} \cdot p^k \cdot (1 - p)^{n-k} \qquad (k \in \{0; 1; 2; \ldots; n\}).$$

- Die Zuordnung, die jedem der möglichen Werte k die Wahrscheinlichkeit $P(X = k)$ zuordnet, nennt man **Binomialverteilung** mit den Parametern n und k.

- Für die Wahrscheinlichkeit $P(X = k)$ schreibt man auch $B_{n;p}(k)$ und nennt X eine $B_{n;p}$-verteilte Zufallsvariable.

- Handelt es sich bei einem Zufallsexperiment um ein Bernoulli-Experiment, so gilt:
  - für den Erwartungswert: $\mu = n \cdot p$,
  - für die Standardabweichung: $\sigma = \sqrt{n \cdot p \cdot (1 - p)}$,
  - für die Varianz: $\sigma^2 = n \cdot p \cdot (1 - p)$.

Binomialverteilung

- Ist eine Zufallsgröße X binomialverteilt, so kann man alle Berechnungen mithilfe zweier Grundfunktionen durchführen:
  - Berechnung der zu einer Trefferzahl k gehörenden Wahrscheinlichkeit: $P(X = k) = B_{n;p}(k)$
  - Berechnung der kumulierten Wahrscheinlichkeit $P(X \leqq k) = P(X = 0) + P(X = 1) + \ldots + P(X = k) = F_{n;p}(k)$

- Für eine binomialverteilte Zufallsgröße X gilt die Bernoulli-Formel:

$$P(X = k) = \binom{n}{k} \cdot p^k \cdot (1 - p)^{n-k} \qquad (k \in \{0; 1; 2; \ldots; n\}).$$

- **Vorgehensweise** bei Aufgaben mit der Binomialverteilung:
  - Zuerst prüft man, ob das Zufallsexperiment binomialverteilt ist.
  - Ist dies der Fall, so führt man eine Zufallsgröße X ein.
  - Man bestimmt die gesuchte Wahrscheinlichkeit mithilfe der Binomialverteilung.

- **Beispiel:**
  Von 1000 Personen sind im Durchschnitt 15 Linkshänder. Wie groß ist die Wahrscheinlichkeit, dass von 25 zufällig ausgewählten Personen genau eine Person bzw. höchstens vier Personen Linkshänder sind?
  - Hierbei handelt es sich um ein binomialverteiltes Zufallsexperiment mit $n = 25$ und $p = 0{,}015$.
  - Die Zufallsvariable X gibt die Anzahl der Linkshänder unter 25 Personen an.
  - Genau eine Person ist Linkshänder:
    $P(X = 1) = \binom{25}{1} \cdot 0{,}15^1 \cdot (1 - 0{,}15)^{25-1} = 0{,}0759.$
  - Höchstens 4 Personen sind Linkshänder:
    $P(X \leqq 4) = P(X = 0) + P(X = 1) + P(X = 2) + P(X = 3) + P(X = 4) = 0{,}8621.$

Drei-mindestens-Aufgabe

- Hierbei handelt es sich um einen Aufgabentyp, der in der Wahrscheinlichkeitsrechnung häufig vorkommt. Dabei kommt in der Aufgabenstellung mindestens dreimal das Wort mindestens vor.

- **Beispiel:**
Ein Glücksrad hat vier gleich große Felder. Drei der Felder sind rot, eines ist gelb. Wie oft muss man mindestens drehen, dass mit einer Wahrscheinlichkeit von mindestens 95% mindestens einmal gelb gedreht wird?

Die Zufallsvariable X beschreibt die Anzahl des gelben Feldes bei n Drehungen.
n ist die Anzahl der Drehungen.
Die Wahrscheinlichkeit, dass gelb auftritt, beträgt $p = 0{,}25$.

Da die Wahrscheinlichkeit, dass mindestens einmal gelb gedreht wird, größer sein soll als 90%, gilt: $P(X \geqq 1) \geqq 0{,}95$.

Die Wahrscheinlichkeit $P(X \geqq 1)$ wird über die Gegenwahrscheinlichkeit berechnet. D.h. es gilt: $P(X \geqq 1) = 1 - P(X = 0)$.

Die Wahrscheinlichkeit, dass keinmal das gelbe Feld gedreht wird, berechnet sich wie folgt:

$$P(X = 0) = \binom{n}{k} \cdot 0{,}25^0 \cdot (1 - 0{,}25)^{n-0} = 1 \cdot 1 \cdot 0{,}075^n.$$

Setzt man dies nun ein, so erhält man:

$$P(X \geqq 1) = 1 - P(X = 0) = 1 - 0{,}75^n.$$

Nun muss man mithilfe des Logarithmus die folgende Gleichung lösen:

$$\begin{aligned} 1 - 0{,}75^n &\geqq 0{,}95 && \mid -1 \\ -0{,}75^n &\geqq -0{,}05 && \mid \cdot(-1) \\ 0{,}75^n &\leqq 0{,}05 && \mid \log \\ n \cdot \log(0{,}75) &\leqq \log 0{,}05 && \mid : \log(0{,}75) \\ n &\geqq 10{,}41 \end{aligned}$$

Man muss mindestens 11-mal drehen.

Weitere Aufgaben zur Binomialverteilung

- In den Funktionen zur Binomialverteilung $B_{n;p}(r) = P$ und $F_{n;p}(r) = P$ kommen die Variablen n, p, r und P vor. Kennt man drei dieser Variablen, so kann man die vierte Variable damit berechnen.
  Die Drei-mindestens-Aufgabe ist ein Beispiel, bei der die Variable n gesucht wird. Im folgenden sind zwei weitere Aufgabenstellungen dargestellt

- Gesucht wird die **Wahrscheinlichkeit P**:
  Bei einem Computerspiel gewinnt man 60 % der Spiele. Der Spieler spielt 20-mal hintereinander. Die Zufallsvariable X ist die Anzahl der gewonnenen Spiele. Sie ist binomialverteilt mit $n = 20$ und $p = 0{,}6$.
  - Wie groß ist die Wahrscheinlichkeit, dass man genau achtmal gewinnt?
    $P(X = 8) = \binom{-20}{8} \cdot 0{,}6^8 \cdot 0{,}4^{20-8} = 0{,}035$
  - Wie groß ist die Wahrscheinlichkeit, dass man mindestens zehnmal gewinnt?
    $P(X \geqq 10) = 1 - P(X \leqq 9) = 0{,}755.$
  - Wie groß ist die Wahrscheinlichkeit, dass man höchstens 15-mal gewinnt?
    $P(X \leqq 15) = 0{,}949.$

- Gesucht ist die **Trefferwahrscheinlichkeit** p:
  Eine Maschine besteht aus fünf Bauteilen, die unabhängig von einander funktionieren. Damit die Maschine arbeiten kann, dürfen höchstens zwei Bauteile ausfallen. Die Wahrscheinlichkeit, dass ein Bauteil nicht funktioniert, beträgt p. Wie groß darf diese Wahrscheinlichkeit p höchstens sein, damit die Maschine mit einer Wahrscheinlichkeit von 90 % arbeitet?
  Die Zufallsvariable X entspricht den ausfallenden Bauteilen, sie ist binomialverteilt mit $n = 5$.
  Mit Hilfe des Taschenrechners ist folgende Ungleichung zu lösen:
  $P(X \leqq 2) \geqq 0{,}90.$
  Der Taschenrechner liefert: $p = 0{,}247.$

Bedeutung der Standardabweichung bei Binomialverteilungen

- Mit der Funktion zur Berechnung der zu einer Trefferzahl k gehörenden Wahrscheinlichkeit $B_{n;p}$ kann man **Säulendiagramme** von Binomialverteilungen erstellen.
  Für p = 0,3 und n = 20, n = 80 und n = 160 ergeben sich folgende Säulendiagramme. Zusätzlich sind der Erwartungswert μ und die Standardabweichung σ eingetragen.

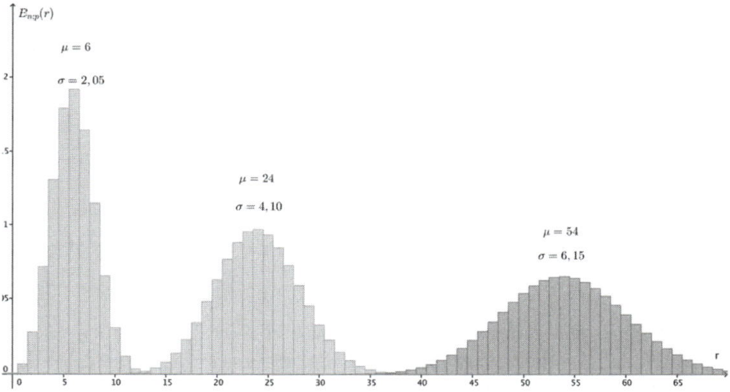

  Für großes n und p nicht zu nahe an der 0 oder 1, handelt es sich bei der Verteilungsfunktion um eine **Glockenkurve** mit dem Maximum in der Nähe des Erwartungswertes μ und zwei Wendepunkte, die den Abstand vom Erwartungswert haben.

- Die **Standardabweichung** σ ist ein Maß für die Breite der Glockenkurve.
- Die Standardabweichung ist wichtig zur Berechnung der Wahrscheinlichkeit, dass ein Treffer x im Intervall $[\mu - \sigma; \mu + \sigma]$ liegt. Dieses Intervall ist symmetrisch zum Erwartungswert und heißt σ-Intervall.
- Die kumulierte Wahrscheinlichkeit $F_{n;p}$ benutzt man, um die Wahrscheinlichkeit, dass ein Wert in diesem Intervall liegt, zu berechnen.

Sigma-Regeln

- Das Sigma-Intervall ist ein zum Erwartungswert symmetrisches Intervall.

- Betrachtet man ein 1-σ-Intervall für verschiedene Parameter n und Wahrscheinlichkeiten p, so erkennt man, dass die Wahrscheinlichkeiten für einen Treffer in diesem Intervall alle bei ungefähr 68 % liegen.
  Daraus ergeben sich die σ-Regeln.

- **Sigma-Regeln:**
  Für eine binomialverteilte Zufallsvariable X mit den Parametern n und p, dem Erwartungswert $\mu = n \cdot p$ und der Standardabweichung $\sigma = \sqrt{n \cdot p \cdot (1-p)}$, erhält man folgende Näherungen:

1 σ-, 2 σ-, 3 σ-Regeln	bzw. für „glatte" Wahrscheinlichkeiten
1. $P(\mu - \sigma \leqq X \leqq \mu + \sigma) \approx 68{,}3\,\%$	4. $P(\mu - 1{,}64\sigma \leqq X \leqq \mu + 1{,}64\sigma) \approx 90\,\%$
2. $P(\mu - 2\sigma \leqq X \leqq \mu + 2\sigma) \approx 95{,}4\,\%$	5. $P(\mu - 1{,}96\sigma \leqq X \leqq \mu + 1{,}96\sigma) \approx 95\,\%$
3. $P(\mu - 3\sigma \leqq X \leqq \mu + 3\sigma) \approx 99{,}7\,\%$	6. $P(\mu - 2{,}58\sigma \leqq X \leqq \mu + 2{,}58\sigma) \approx 99\,\%$

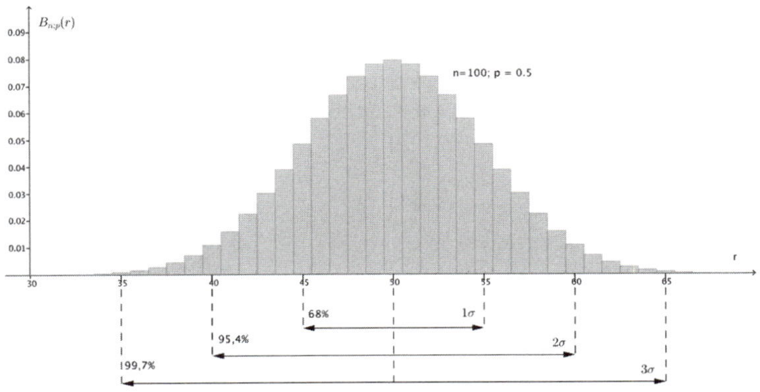

- Je größer n und je näher p bei 0,5 liegt, umso genauer wird die Näherung.

Zweiseitiger Signifikanztest

- Kennt man die Trefferwahrscheinlichkeit eines Zufallsexperimentes nicht, so stellt man eine **Hypothese** auf. Diese Hypothese wird bei einem **Signifikanztest** mithilfe einer Stichprobe auf Gültigkeit getestet.

- Vorgehensweise:
  - Aufstellen einer Hypothese für die Trefferwahrscheinlichkeit p_0 und testen der Nullhypothese: H_0: $p = p_0$
    Die Alternative ist: H_1: $p \neq p_0$.
  - Festlegen des Stichprobenumfangs n und des Signifikanzniveaus α
    Beim Signifikanzniveau handelt es sich um die maximale Irrtumswahrscheinlichkeit. Es liegt bei den meisten Tests zwischen 1% und 5%.
  - Die Irrtumswahrscheinlichkeit ist die Wahrscheinlichkeit fälschlicherweise die Nullhypothese zu verwerfen.
  - Die Testvariable X ist die Trefferzahl. Sie ist binomialverteilt mit den Parametern n und p.
  - Bestimmung des Intervalls [a ; b], in dem man die Hypothese annimmt, den sog. Annahmebereich. Alle anderen Werte bilden den Ablehnungsbereich. Seine Größe wird durch das Signifikanzniveau festgelegt. Da es sich um einen zweiseitigen Test handelt, darf der Ablehnungsbereich links von a und rechts von a jeweils höchstens $\frac{\alpha}{2}$ betragen.

    Hierfür sucht man aus der Tabelle der kumulierten Wahrscheinlichkeiten die kleinsten Zahlen a und b, für die gilt:

    $P(X \leqq a) > \frac{\alpha}{2}$

    und

    $P(X \leqq b) > 1 - \frac{\alpha}{2}$.

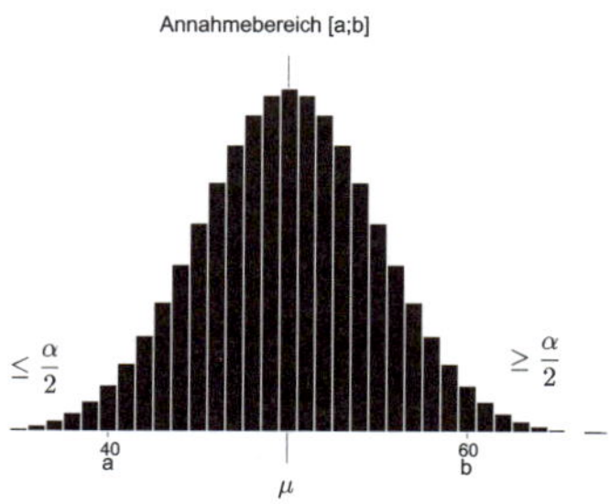

  - Durchführung der Stichprobe vom Umfang n. Liegt das Stichprobenergebnis innerhalb des Annahmebereichs, so wird die Nullhypothese H_0 angenommen, ansonsten wird sie verworfen.

Aufgabe zum zweiseitigen Signifikanztest

- Ein Spieler vermutet, dass bei einem Glücksspiel ein Würfel verwendet wurde, bei dem nicht alle Zahlen mit der gleichen Wahrscheinlichkeit fallen. Er vermutet, dass die Wahrscheinlichkeit für die Zahl 1 nicht $\frac{1}{6}$ beträgt. Um dies zu testen, führt er einen zweiseitigen Signifikanztest durch:
  - Hypothese aufstellen: Die Zahl 1 fällt mit der Wahrscheinlichkeit $\frac{1}{6}$.

    Nullhypothese: $H_0: \; p = \frac{1}{6}$

    Alternative: $H_1: \; p \neq \frac{1}{6}$
  - Er will 500-mal würfeln. Das Signifikanzniveau, also die maximale Irrtumswahrscheinlichkeit soll 5 % betragen.
    D.h. $n = 500$; $\alpha = 0{,}05$.
  - Die Zufallsvariable X zählt die gewürfelten Einsen. Sie ist binomialverteilt mit $n = 500$ und $p = \frac{1}{6}$.
  - Nun sucht man mit dem Taschenrechner jeweils die kleinste Zahl a und b, für die gilt:
    $P(X \leqq a) > 0{,}025$ $\quad a = 67$
    $P(X \leqq b) > 0{,}975$ $\quad b = 100$
    Damit lautet der Annahmebereich: $[67; 100]$.
  - Würfelt der Spieler bei 500 Würfen zwischen 67- und 100-mal die 1, so behält er seine Nullhypothese bei.
    Würfelt er weniger als 67-mal oder mehr als 100-mal die 1, so verwirft er seine Hypothese. In diesem Falle wäre seine Vermutung richtig.

Einseitiger Signifikanztest

- Beim zweiseitigen Signifikanztest wurde die Hypothese $H_0: p = p_0$ gegen die Alternative $H_1: p \neq p_0$ getestet.
  Beim zweiseitigen Test weiß man vorher schon, dass p höchstens größer oder höchstens kleiner geworden sein kann als die Nullhypothese $H_0: p = p_0$. Man unterscheidet den rechtsseitigen Signifikanztest mit der Alternative $H_1: p > p_0$ und den linksseitigen Signifikanztest mit der Alternative $H_1: p < p_0$.

- **Vorgehensweise:**
  - Aufstellen einer Hypothese für die Trefferwahrscheinlichkeit p_0
    Nullhypothese: H_0: $p = p_0$
  - Festlegen des Stichprobenumfangs n und des Signifikanzniveaus α
  - Die Testvariable X ist die Trefferzahl. Sie ist binomialverteilt mit den Parametern n und p.
  -

Linksseitiger Test	**Rechtsseitiger Test**
Nullhypothese:	
$H_0: p = p_0$ oder $H_0: p \geqq p_0$	$H_0: p = p_0$ oder $H_0: p \leqq p_0$
Alternative:	
$H_1: p < p_0$	$H_1: p > p_0$
Bestimmung Annahmebereich:	
$[a; n]$	$[0; b]$

Hierfür sucht man aus der Tabelle der kumulierten Wahrscheinlichkeiten die kleinsten Zahlen a und b, für die gelten:

$P(X \leqq a) > \alpha$	$P(X \leqq b) > 1 - \alpha$.

  - Durchführung der Stichprobe vom Umfang n. Liegt das Stichprobenergebnis innerhalb des Annahmebereichs, so wird die Nullhypothese H_0 angenommen, ansonsten wird sie verworfen.

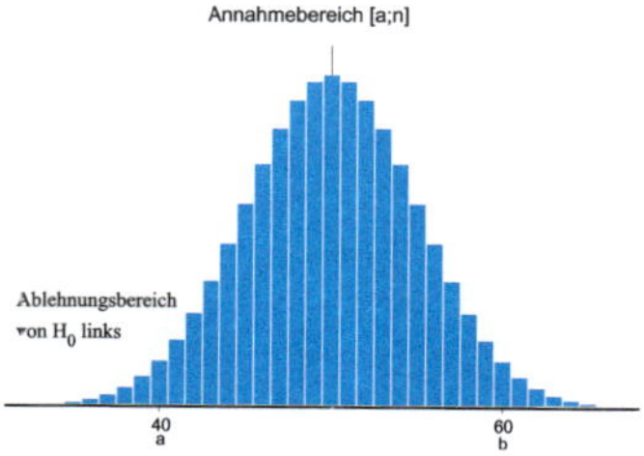

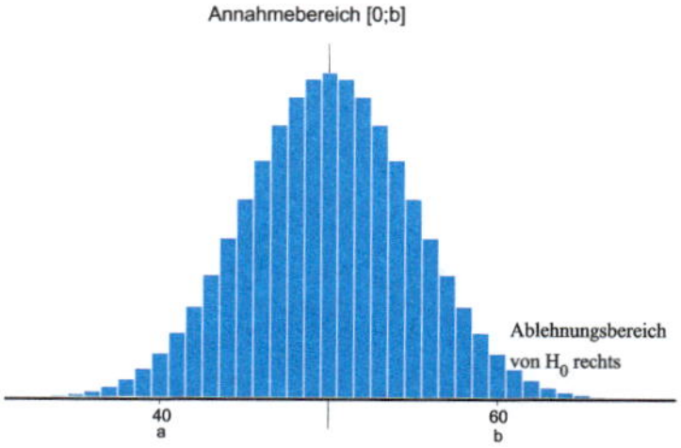

Aufgabe zum rechtsseitigen Signifikanztest

- Ein Hersteller von Glühbirnen behauptet, dass er eine Ausschussquote von höchstens 10 % bei der Herstellung hat.

  Um dies zu testen, führt er einen rechtsseitigen Signifikanztest durch:

  - Nullhypothese: H_0: $p \leqq 0{,}1$,
    Alternative: H_1: $p > 0{,}1$.
  - Aus der Produktion werden 100 Glühbirnen entnommen und auf Funktion getestet. Das Signifikanzniveau, also die maximale Irrtumswahrscheinlichkeit, soll 5 % betragen.
    D.h. $n = 100$; $\alpha = 0{,}05$.
  - Die Zufallsvariable X zählt die defekten Glühbirnen. Sie ist binomialverteilt mit $n = 100$ und $p = 0{,}1$.
  - Nun sucht man mit dem Taschenrechner die kleinste Zahl a, für die gilt:
    $P(X \leqq a) > 0{,}05$. $a = 5$
    Damit lautet der Annahmebereich $[0;5]$ und der Ablehnungsbereich $[6;100]$.
  - Sind höchstens fünf Glühbirnen defekt, so behält der Hersteller seine Nullhypothese bei.
    Sind mehr Glühbirnen defekt, so verwirft er seine Hypothese.

Aufgabe zum linksseitigen Signifikanztest

- Eine Partei hatte bei einer Wahl einen Stimmenanteil von 60 %. Nach der Wahl ist der Stimmenanteil der Partei gesunken. Bei einer Umfrage von 200 beliebigen Personen gaben 123 Personen an die Partei wieder zu wählen. Kann die Partei bei einem Signifikanzniveau von 5 % darauf schließen, dass der Stimmenanteil gesunken ist?

  Um dies zu testen, führt die Partei einen Linksseitigen Signifikanztest durch:

  - Nullhypothese: H_0: $p \geqq 0{,}6$,
    Alternative: H_1: $p < 0{,}6$.
  - Es gilt: $n = 200$; $\alpha = 0{,}05$.
  - Die Zufallsvariable X gibt die Anzahl der Personen an, die die Partei wieder wählen. Sie ist binomialverteilt mit $n = 200$ und $p = 0{,}6$.
  - Nun sucht man mit dem Taschenrechner die kleinste Zahl b für die gilt: $P(X \geqq b) > 0{,}95$. $b = 131$
    Damit lautet der Annahmebereich: $[131; 200]$ und der Ablehnungsbereich: $[0; 130]$.
  - Da die Personenanzahl, die angegeben hat, die Partei wieder zu wählen, im Ablehnungsbereich liegt, muss die Partei davon ausgehen, dass ihr Stimmenanteil gesunken ist.

Fehler beim Testen von Hypothesen

- Beim Durchführen eines Signifikanztestes wird eine Hypothese, die sog. Nullhypothese, angenommen oder verworfen. Dabei kann die Entscheidung, die Hypothese anzunehmen oder zu verwerfen, mit Fehlern behaftet sein. Man unterscheidet Fehler 1. und 2. Art.

- **Fehler 1. Art:**
  Die Nullhypothese ist richtig und wird fälschlicherweise verworfen.

- **Fehler 2. Art:**
  Die Nullhypothese ist falsch und wird fälschlicherweise als richtig angenommen.

- Fehler 1. Art und 2. Art bedingen sich gegenseitig. Vergrößert man bei einem festen Stichprobenumfang den Annahmebereich der Nullhypothese, so verringert man zwar den Fehler 1. Art, aber dafür steigt die Wahrscheinlichkeit für einen Fehler 2. Art an.
  Will man die Wahrscheinlichkeit für beide Fehler gleichzeitig verringern, so muss man den Stichprobenumfang erhöhen.

- **Beispiel:**
  Die Nullhypothese H_0: $p = 0{,}4$ soll bei einem Stichprobenumfang $n = 100$ auf dem Signifikanzniveau 5 % rechtsseitig getestet werden.
  Wie groß ist die Wahrscheinlichkeit für einen Fehler 1. Art?

  Für den Annahmebereich gilt: $[0;48]$
  Damit ergibt sich die Wahrscheinlichkeit für einen Fehler 1. Art:
  $1 - P(X \leqq 48) = 0{,}042$.

Integrale in der Stochastik

- Zufallsvariablen können nicht nur ganzzahlig sein, also diskrete Werte annehmen, sondern auch reell sein, also kontinuierliche Werte annehmen. Um reellwertige Zufallsvariablen durch Wahrscheinlichkeiten beschreiben zu können, braucht man Integrale.

- Eine Funktion f, aus der man mittels Integration die Wahrscheinlichkeit bestimmt, nennt man **Wahrscheinlichkeitsdichte**.
  Für diese Funktion f muss im Intervall $I = [a; b]$ gelten:
  - $f(x) \geqq 0$ für alle $x \in I$,
  - $\int_a^b f(x)\,dx = 1$.

- Eine reellwertige Zufallsgröße X, deren Werte im Intervall $I = [a; b]$ liegen, heißt stetig verteilt mit der Wahrscheinlichkeitsdichte f, wenn für alle r, s aus I gilt:

  $$P(r \leqq X \leqq s) = \int_r^s f(x)\,dx.$$

- Genau wie bei ganzzahligen Zufallsvariablen gibt es die Kenngrößen Erwartungswert (erwarteter Mittelwert) und die Standardabweichung:
  Es gilt:
  - für den **Erwartungswert**:
    $$\mu = \int_a^b x \cdot f(x)\,dx,$$
  - für die **Standardabweichung**:
    $$\sigma = \sqrt{\int_a^b (x - \mu)^2 \cdot f(x)\,dx}.$$

Stetige Zufallsvariable

- Bei der Funktion

$$f(x) = \begin{cases} x & 0 \leqq x \leqq 1 \\ -x+2 & 1 \leqq x \leqq 2 \end{cases}$$

handelt es sich um eine Wahrscheinlichkeitsdichte über dem Intervall $I = [0;2]$, da

- $f(x) \geqq 0$ für alle x aus dem Intervall,
- $\int_0^2 f(x)\,dx = \int_0^1 x\,dx + \int_1^2 (-x-2)\,dx = \left[\frac{x^2}{2}\right]_0^1 + \left[-\frac{x^2}{2} + 2x\right]_1^2$
  $= \frac{1}{2} + -2 + 4 - \left(-\frac{1}{2} + 2\right) = 1.$

Verschiedene Wahrscheinlichkeiten:

$$P(X=0) = \int_0^0 f(x)\,dx = 0$$

$$P(X=1) = \int_1^1 f(x)\,dx = 0$$

D.h. Einzelwahrscheinlichkeiten sind exakt 0.

$$P(0{,}5 \leqq X \leqq 1{,}5) = \int_{0,5}^{1} x\,dx + \int_1^{1,5} (-x+2)\,dx = \left[\frac{1}{2}x^2\right]_{0,5}^1 + \left[-\frac{1}{2}x^2 + 2x\right]_{0,5}^1 = \frac{3}{4} = 0{,}75$$

Für den Erwartungswert ergibt sich

$$\mu = \int_0^1 x^2\,dx + \int_1^2 (-x^2+2x)\,dx = \left[\frac{1}{3}x^3\right]_0^1 + \left[-\frac{1}{3}x^3 + x^2\right]_1^2 = 1,$$

für die Standardabweichung

$$\sigma = \sqrt{\int_0^1 (x-1)^2 \cdot x\,dx + \int_1^2 (x-1)^2 \cdot (-x+2)\,dx} = \sqrt{\frac{1}{6}} = 0{,}41.$$

Gauß'sche Glockenfunktion

- Die Gauß'sche Glockenfunktion ist eine Wahrscheinlichkeitsdichte der Form

$$\varphi_{\mu;\sigma}(x) = \frac{1}{\sigma\sqrt{2\pi}} \cdot e^{-\frac{(x-\mu)^2}{2\sigma^2}}.$$

- Die Gauß'sche Glockenfunktion ist auch die Kontur der Binomialverteilung.

- Analytische **Eigenschaften** der Glockenfunktion:
  - Sie ist achsensymmetrisch zu $x = \mu$.
  - Sie hat einen Hochpunkt $H\left(\mu \,\middle|\, \frac{1}{\sigma\cdot\sqrt{2\pi}}\right)$.
  - Sie hat zwei Wendepunkte $W\left(\mu \pm \sigma \,\middle|\, \frac{1}{\sigma\cdot\sqrt{2\pi}} \cdot e^{-\frac{1}{2}}\right)$.

- Für $\mu = 0$ und $\sigma = 1$ erhält man die Standard-Glockenfunktion

  $$\varphi_{0;1}(x) = \frac{1}{\sqrt{2\pi}} \cdot e^{-\frac{x^2}{2}}.$$

  Aus ihr kann man alle anderen Graphen der Glockenfunktion erzeugen durch
  - Strecken in x-Richtung mit dem Faktor σ,
  - Stauchen in y-Richtung mit dem Faktor $\frac{1}{\sigma}$,
  - Verschieben in x-Richtung um den Wert μ.

- Es gilt:

  $$\int_a^b \varphi_{\mu;\sigma}(x)\,dx = \int_{\frac{a-\mu}{\sigma}}^{\frac{a+\mu}{\sigma}} \varphi_{0;1}(x)\,dx,$$

  $$\int_{-\infty}^{\infty} \varphi_{\mu;\sigma}(x)\,dx = 1.$$

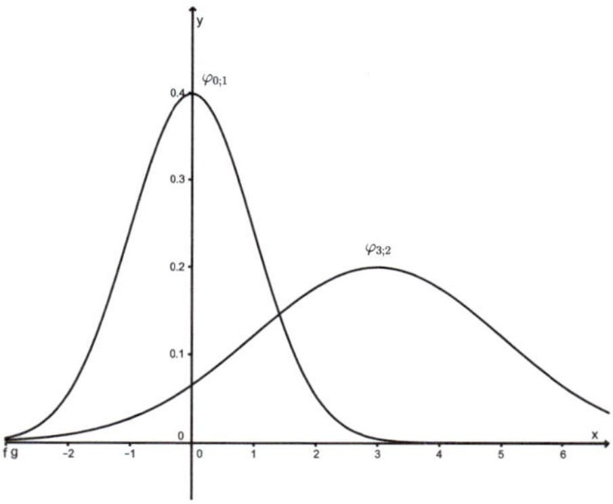

Normalverteilung

- Handelt es sich bei der Wahrscheinlichkeitsdichte um eine Gauß'sche Glockenfunktion $\varphi_{\mu;\sigma}$, so ist eine stetige Zufallgröße X normalverteilt mit den Parametern μ und σ.

- Bei einer Normalverteilung gelten die Sigmaregeln exakt. D.h.

$$P(\mu-\sigma \leqq X \leqq \mu+\sigma) = \int_{\mu-\sigma}^{\mu+\sigma} \varphi_{\mu;\sigma}(x)\,dx = \int_{-1}^{1} \varphi_{0;1}(x)\,dx \approx 0{,}683 = 68{,}3\,\%,$$

$$P(\mu-2\sigma \leqq X \leqq \mu+2\sigma) = \int_{\mu-2\sigma}^{\mu+2\sigma} \varphi_{\mu;\sigma}(x)\,dx = \int_{-2}^{2} \varphi_{0;1}(x)\,dx \approx 0{,}954 = 95{,}4\,\%.$$

- **Satz von de Moivre-Laplace:**
  Für binomialverteilte Zufallsgrößen X mit $\mu = n \cdot p$ und $\sigma = \sqrt{n \cdot p \cdot (1-p)}$ gilt:

$$P(X = k) = B_{n;p}(k) \approx \varphi_{\mu;\sigma}(k),$$

$$P(a \leqq X \leqq b) \approx \int_{a-0{,}5}^{b+0{,}5} \varphi_{\mu;\sigma}(x)\,dx.$$

- Diese Näherung wird umso besser, je größer die Stichprobe n.

Tanja Reimbold ist Gymnasiallehrerin für die Fächer Mathematik und Physik in Böblingen.

BILDNACHWEIS
Grafiken: S. 23, 24, 33, 81, 128, 130, 131, 132 Sandra Oehler;
alle anderen Grafiken: Tanja Reimbold

Bibliografische Information der Deutschen Nationalbibliothek
Die Deutsche Nationalbibliothek verzeichnet diese Publikation in der Deutschen Nationalbibliografie; detaillierte bibliografische Daten sind im Internet über http://dnb.dnb.de abrufbar.

Dieses Werk folgt der neuesten Rechtschreibung und Zeichensetzung.

3. Auflage 2019

www.klett-lerntraining.de
Redaktion: Dr. Robert Strobel, Bad Liebenzell
Innenlayout: Annette Siegel, Stuttgart
Umschlaggestaltung: Sabine Kaufmann, Stuttgart
Umschlagfoto: Thinkstock, München (Ablestock.com)
Satz: DTP-studio Andrea Eckhardt, Göppingen
Druck: medienhaus Plump GmbH, Rheinbreitbach
Printed in Germany
ISBN 978-3-12-949317-5